U0662304

电能替代工作指导手册

港口岸电领域

国家电网有限公司营销部 ◎ 编

中国电力出版社
CHINA ELECTRIC POWER PRESS

图书在版编目（CIP）数据

电能替代工作指导手册．港口岸电领域／国家电网有限公司营销部编．—北京：中国电力出版社，2019.4（2019.11 重印）

ISBN 978-7-5198-3023-6

Ⅰ.①电… Ⅱ.①国… Ⅲ.①电力工业－节能－手册②港口－节能－手册　Ⅳ.① TM92-62

中国版本图书馆 CIP 数据核字（2019）第 056381 号

出版发行：中国电力出版社
地　　址：北京市东城区北京站西街 19 号（邮政编码 100005）
网　　址：http://www.cepp.sgcc.com.cn
责任编辑：王冠一（010-63412726）
责任校对：黄　蓓　闫秀英
装帧设计：锋尚设计
责任印制：钱兴根

印　　刷：北京博海升彩色印刷有限公司
版　　次：2019 年 4 月第一版
印　　次：2019 年 11 月北京第二次印刷
开　　本：710 毫米 ×1000 毫米　16 开本
印　　张：7.75
字　　数：109 千字
定　　价：28.00 元

《电能替代工作指导手册》
丛书编委会

实施电能替代是党中央、国务院作出的重大决策部署，对于推动能源生产和消费革命、落实供给侧结构性改革，具有十分重大的意义，是国家电网有限公司打赢蓝天保卫战、满足人民生活更美好需求的重要举措，是国家电网有限公司建设"三型两网"世界一流能源互联网企业的具体实践。2013年以来，国家电网有限公司全面贯彻党中央、国务院决策部署，主动承担央企责任，大力实施电能替代。经过多年努力，电能替代领域从无到有，规模从小到大，推进方式从试点示范到多领域、全覆盖替代，实现了跨越式发展，为促进社会节能减排、改善大气环境作出积极贡献。

为进一步拓展电能替代的广度和深度，推进电能替代工作常态化、制度化、规范化，国家电网有限公司营销部组织中国电科院，国网北京、天津、冀北、山东、浙江、河南、陕西电力，南瑞集团等单位的专业人员和技术专家，对近年来各领域电能替代工作加以总结、提炼，编写了《电能替代工作指导手册》系列丛书。

本丛书共分8册，分别为：

- ▶ 电能替代工作指导手册 **供冷供暖领域**
- ▶ 电能替代工作指导手册 **港口岸电领域**
- ▶ 电能替代工作指导手册 **电驱动装卸领域**
- ▶ 电能替代工作指导手册 **居民生活领域**
- ▶ 电能替代工作指导手册 **商业餐饮领域**
- ▶ 电能替代工作指导手册 **农产品加工仓储领域**
- ▶ 电能替代工作指导手册 **农业生产领域**
- ▶ 电能替代工作指导手册 **电采暖领域**

后期将根据工作需要，不断补充、完善本丛书。

本丛书内容丰富，语言简练，按照不同领域划分为各分册，各分册均由应用篇、案例篇和附录组成。应用篇介绍的是该领域的工作方法、步骤和流程，阐述如何发掘替代需求，提出典型领域解决方案，注重实用性、操作性，让电能替代工作人员看得懂、记得住、可执行，为开拓市场提供技术指导和支撑。案例篇是在应用篇基础上的具体实践，各案例来源于近年来各省电力公司实施的典型项目，经过筛选及规范整理后收录到丛书中，力求为电能替代工作人员提供借鉴与参考。附录以简单易懂的表现形式普及不同领域电能替代相关技术，供电能替代工作人员拓展专业知识领域，提升技术服务水平。

本丛书的出版发行，将对全面深入推进电能替代工作起到促进作用。

随着国家对港口环保要求的日益提高，2017年7月交通运输部颁布《港口岸电布局方案》，明确提出：到2020年年底，实现全国主要港口和船舶排放控制区内港口50%以上泊位具备向船舶供应岸电的能力。港口岸电可替代船舶辅机满足船上甲板机械、机舱、风机、照明、空调、炊具等设备电力需求，保障船舶靠泊期间的正常营运，并对船舶排放的废气进行有效控制，可降低燃油消耗成本，具有显著的社会效益和经济效益。因此国家电网有限公司积极响应国家港口污染防治号召，大力推进港口岸电领域的电能替代。

《电能替代工作指导手册 港口岸电领域》的内容分为三部分，分别为应用篇、案例篇和附录。应用篇分别从客户需求调查、替代技术与典型方案、项目建设与运维、项目后评价等方面阐述了港口岸电领域项目的具体做法。其中，替代技术与典型方案分别从技术分类维度介绍了低压小容量、低压大容量、高压三类岸电技术，从场景应用维度介绍了码头岸电技术方案（游轮、集装箱、干散货、滚装船码头岸电技术）和待闸锚地岸电技术方案（丁靠系泊、趸船系泊、靠船墩系泊、抛锚自泊岸电技术和多种停泊方式锚地岸电技术）。案例篇分别从基本情况、技术方案、实施及运营、效益分析、推广建议等方面阐述了覆盖京杭运河渠化段、长江流域三峡坝区、大型海港的港口岸电典型案例。附录则给出了港口岸电推广的重点区域港口、重点类型泊位，以及长江流域三峡坝区船舶吨位、辅机功率及用电需求等内容，可以为前端人员在项目遴选与岸电技术方案推荐时提供参考。

　　本书可作为电能替代培训教材，也可供从事港口岸电领域工作的技术、管理人员参考使用。

编者

2019年3月

目录

第一篇

应用篇

∨

本篇从客户需求调查、替代技术与技术方案、项目建设与运维以及项目后评价阐述了低压小容量岸电技术、低压大容量岸电技术和高压岸电技术在京杭运河渠化段、长江流域三峡坝区、沿海流域三大类场景的应用。

第**1**章
客户需求调查

1.1 应用领域概述及其用能特点

    港口岸电技术是指在船舶停靠港口时利用岸基电源向船舶供电，船舶不再使用辅机进行发电。港口岸电连接示意如图1.1所示。岸电电源功率可满足船舶停泊后甲板机械、机舱、风机、照明、空调、炊具等全部电力设施的用电需求，以保障船舶靠泊期间的正常营运和对船舶排放废气的有效控制；并可降低燃油消耗成本，社会效益和经济效益显著。

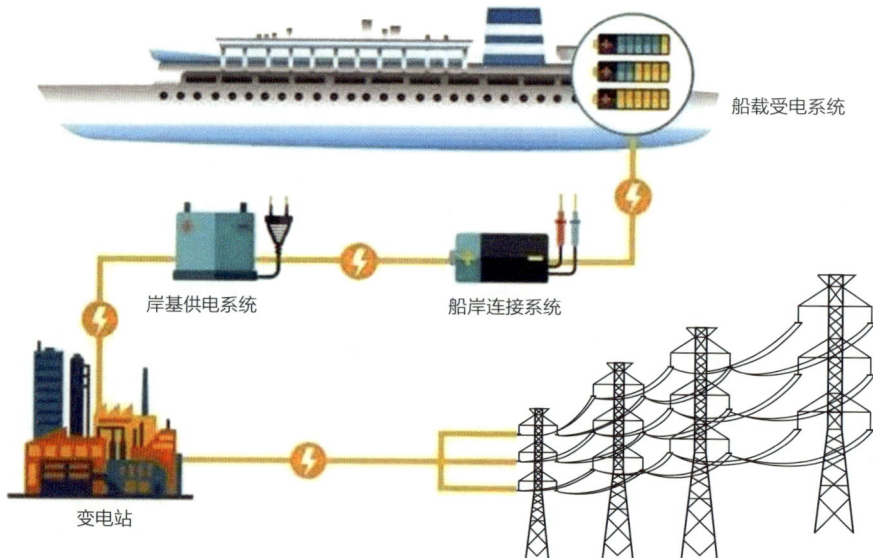

图1.1　港口岸电连接示意图

港口岸电技术按照电压、容量等级可以分为低压小容量岸电技术、低压大容量岸电技术、高压岸电技术三类。

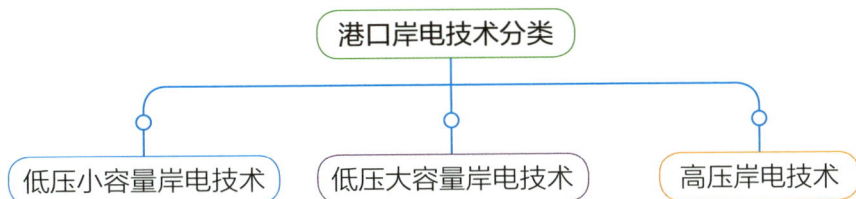

```
                        ┌──────────────────┐
                        │  港口岸电技术分类  │
                        └──────────────────┘
          ┌─────────────────────┼─────────────────────┐
  ┌───────────────┐     ┌────────────────┐     ┌──────────────┐
  │ 低压小容量岸电技术 │     │ 低压大容量岸电技术 │     │  高压岸电技术  │
  └───────────────┘     └────────────────┘     └──────────────┘
```

港口岸电技术按照应用场景可以分为港口码头类岸电技术和待闸锚地类岸电技术。

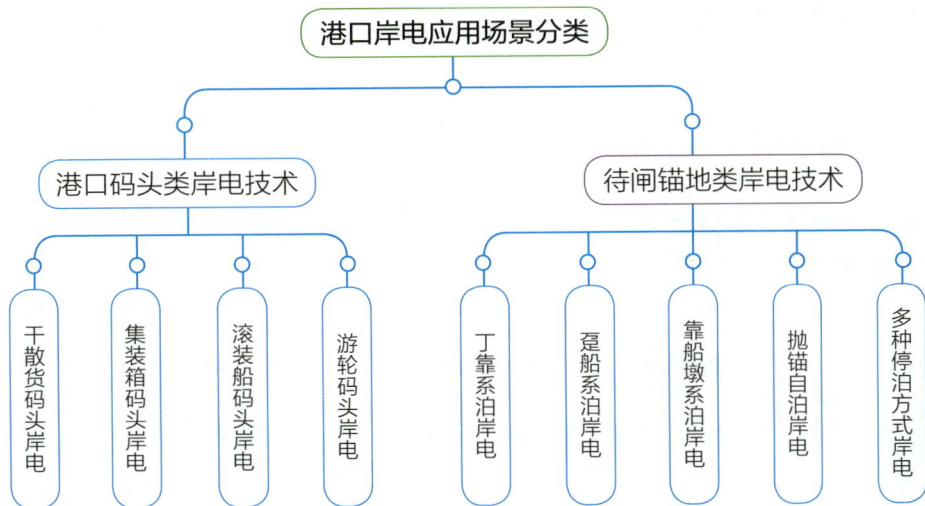

```
                    ┌──────────────────────┐
                    │   港口岸电应用场景分类   │
                    └──────────────────────┘
         ┌────────────────────────┴────────────────────────┐
  ┌────────────────┐                              ┌────────────────┐
  │ 港口码头类岸电技术 │                              │ 待闸锚地类岸电技术 │
  └────────────────┘                              └────────────────┘
```

干散货码头岸电　集装箱码头岸电　滚装船码头岸电　游轮码头岸电　　丁靠系泊岸电　趸船系泊岸电　靠船墩系泊岸电　抛锚自泊岸电　多种停泊方式岸电

港口岸电技术适用于新建或改造的港口岸电设施，主要应用于沿海、沿江、京杭运河渠划段、内河服务区、湖泊、待闸锚地等区域，适用于集装箱船、干散货船、滚装船、游轮、邮轮等港口码头。

1.2 客户调研流程

　　根据港口岸电电能替代领域特点，以政策引导和供电公司推动为导向，制定客户调研流程，主要涵盖政策分析、启动调研、信息获取、方案设计、建立重点潜力项目库五个步骤，其调研流程如图1.2所示。

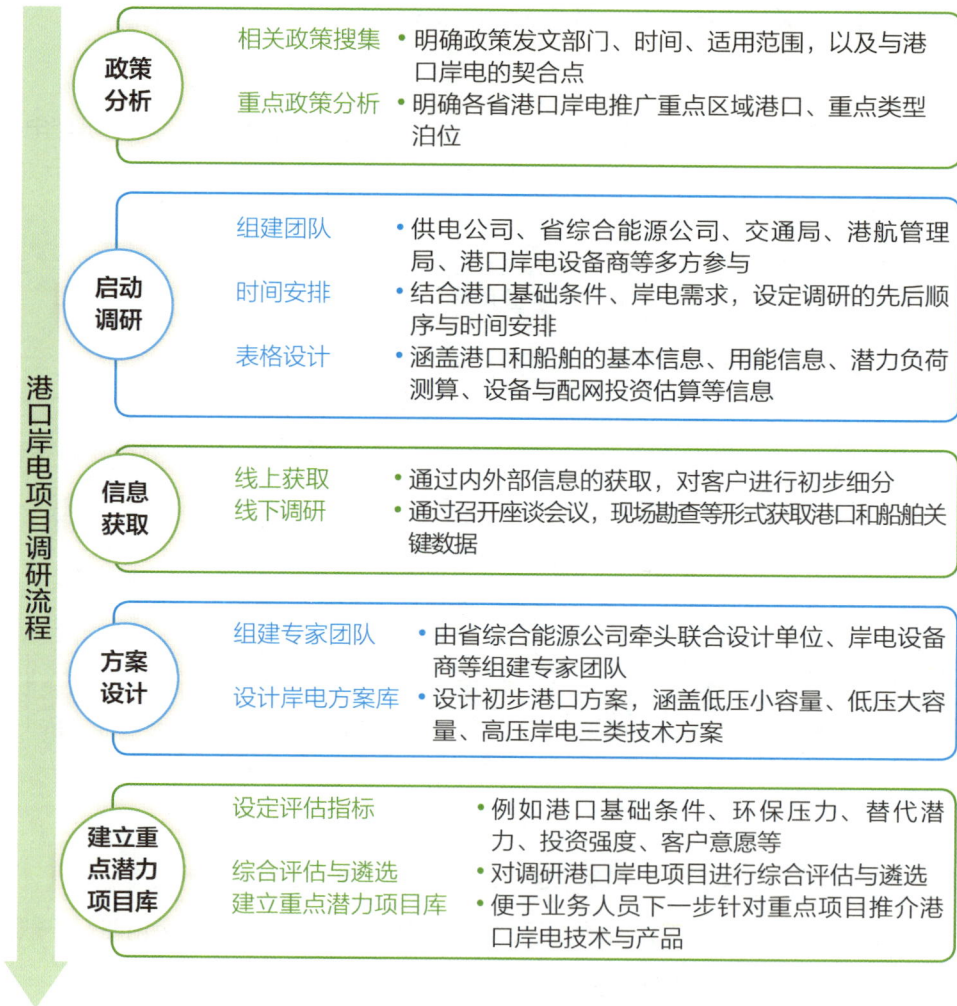

港口岸电项目调研流程

政策分析
- 相关政策搜集 • 明确政策发文部门、时间、适用范围，以及与港口岸电的契合点
- 重点政策分析 • 明确各省港口岸电推广重点区域港口、重点类型泊位

启动调研
- 组建团队 • 供电公司、省综合能源公司、交通局、港航管理局、港口岸电设备商等多方参与
- 时间安排 • 结合港口基础条件、岸电需求，设定调研的先后顺序与时间安排
- 表格设计 • 涵盖港口和船舶的基本信息、用能信息、潜力负荷测算、设备与配网投资估算等信息

信息获取
- 线上获取
- 线下调研
  • 通过内外部信息的获取，对客户进行初步细分
  • 通过召开座谈会议，现场勘查等形式获取港口和船舶关键数据

方案设计
- 组建专家团队 • 由省综合能源公司牵头联合设计单位、岸电设备商等组建专家团队
- 设计岸电方案库 • 设计初步港口方案，涵盖低压小容量、低压大容量、高压岸电三类技术方案

建立重点潜力项目库
- 设定评估指标 • 例如港口基础条件、环保压力、替代潜力、投资强度、客户意愿等
- 综合评估与遴选 • 对调研港口岸电项目进行综合评估与遴选
- 建立重点潜力项目库 • 便于业务人员下一步针对重点项目推介港口岸电技术与产品

图1.2　港口岸电项目调研流程图

一、政策分析

相关政策搜集 ▶ 对已有港口岸电领域相关政策进行搜集，梳理和分析，明确各个政策的发文部门、发文时间及适用范围，以及与港口岸电业务方向的契合点。

重点政策分析 ▶ 分析《港口岸电布局方案》（交通运输部办公厅印发）、《国家电网有限公司关于印发积极推进长江流域港口岸电全覆盖实施方案的通知》（国家电网营销〔2018〕591号）等重点政策，明确近期政策导向与本省港口岸电推广重点区域港口、重点类型泊位，详见附录1、附录2。

二、启动调研

组建团队 ▶ 组建供电公司、省综合能源公司、交通局、港航管理局、港口岸电设备商等多方参与的港口岸电调研工作小组，制定工作方案，明确职责、任务、措施、进度要求。

时间安排 ▶ 针对重点政策当中，本省港口岸电推广重点区域港口、重点类型泊位，结合港口基础条件、岸电需求，设定调研的先后顺序与时间安排。

表格设计 ▶ 调研表格要涵盖港口和船舶的基本信息、用能信息、潜力负荷测算、设备与配电网投资估算、初步设计方案、用户替代意向、是否存在增容需求以及前端（营销）与后台（技术）负责人员信息。

三、信息获取

线上渠道

外部渠道可通过政府相关部门、行业管理协会等获取港口和停靠船舶基本信息，内部渠道可通过用电信息采集系统获取港口的基本用电信息以及新增业扩需求。通过内外部渠道信息的获取，可以对客户进行初步细分。

线下调研

结合政策分析和客户初步细分情况，港口岸电调研工作小组选取本省港口岸电推广的重点港口和泊位进行现场调研，通过召开座谈会议、现场勘查等形式获取港口和船舶关键数据，并现场完成港口岸电潜力客户入户调研表（见表1.1）。

表1.1 　　　　　　　　港口岸电潜力客户入户调研表

A 客户基本信息表

港口名称		区域供电所	
港口地址			
联系人		联系方式	
用电类型	□大工业　□商业　□普通工业　□非工业　□居民生活　□农业　□趸售　□其他		
客户属性	□存量　□新装　□增容　□临时用电　□重点项目		
电压等级		合同容量	
最大负荷			
港口性质	□国有　□民营　□外资　□其他		
船舶性质	□国有　□民营　□外资　□其他		
港口类别	□沿海　□沿江　□京杭运河渠划段　□内河服务区　□湖泊　□待闸锚地		
船舶类型	□游轮船　□集装箱船　□干散货船　□滚装船　□其他		

续表

B 客户用能信息表

港口泊位数量及吨位			
船舶辅机功率（kW）			
燃油类别		停靠时间（h/年）	
燃油价格（元/L）		燃油费用（万元/年）	
上船具体统计	功率	使用时间	备注
甲板机械			
机舱设备			
风机设备			
照明设备			
空调设备			
炊具设备			
总功率			

C 电能替代方案建议

方案简介

	低压小容量岸电	低压大容量岸电	高压岸电
增容需求	□否 □是_____kVA	□否 □是_____kVA	□否 □是_____kVA
岸电设施投资（万元）			
供电设施投资（万元）			
配套电网投资（万元）			
年用电量（kWh）			
运行费用（万元）			
前端人员单位、姓名		后台人员单位、姓名	
联系电话		联系电话	
调研日期		客户意愿	□有意愿　□无意愿
补充说明			

四、方案设计

由省综合能源公司牵头，联合设计单位、岸电设备商等组建专家团队，针对具体港口情况，设计初步港口方案，并做成宣传折页，方便前端人员与客户进行初步沟通。客户确认意向后，可由专家团队对接出具细化方案。

五、建立重点潜力项目库

根据调研情况，选定关键指标，如港口基础条件、环保压力、替代潜力、投资强度、客户意愿等，对调研港口岸电项目进行综合评估与遴选，建立港口岸电重点潜力项目库，便于业务人员下一步针对重点项目推介港口岸电技术与产品。

1.3 ▶ 电能替代潜力测算

通过现场调研，填写调研表，摸清港口船舶甲板机械、机舱、风机、照明、空调、炊具等设备功率和使用时间，针对港口单泊位、多泊位，考虑同时使用系数，测算岸电容量、电压以及电流等级。

岸电容量以实际使用情况为准，国营船舶辅机负荷率较高，民营船舶辅机负荷率较低。

港口岸电系统负荷功率（P）与替代潜力（W）可按照下列公式进行估算。

$$P = K_{\Sigma P} \cdot \sum P_{\text{ex}}$$
$$Q = K_{\Sigma P} \cdot \sum \left(P_{\text{ex}} \cdot \tan\varphi \right)$$
$$S = \sqrt{P^2 + Q^2}$$
$$I = \frac{S}{\sqrt{3}U}$$
$$W = npt$$

式中　P——有功功率，kW；

　　　$K_{\Sigma p}$——同时系数，单泊位船舶岸电系统宜取0.45～1.0，多泊位船舶岸电供电系统宜取0.45～0.8；

P_{ex}——单泊位船舶岸电的用电负荷，kW，可参照GB/T 51305—2018
《码头船舶岸电设施工程技术标准》确定；

Q——无功功率，kvar；

φ——功率因数角；

S——视在功率，kVA；

I——计算电流，A；

U——额定电压，kV；

W——电能替代潜力，kWh；

n——停靠船舶数量，个；

t——停靠时长，h。

注意事项

单泊位港口岸电系统用电负荷宜根据泊位最大允许靠泊船舶的类型、吨级和单台辅机发电机最大容量确定。

多泊位港口岸电系统用电负荷应综合考虑使用岸电系统的泊位利用率。

单泊位港口岸电系统用电负荷同时系数宜取0.8~1.0；多泊位港口岸电系统用电负荷同时系数宜取0.45~0.8，当利用率不大于0.5时，同时系数可适当降低。

第 **2** 章
替代技术与技术方案

2.1 常用替代技术

按照电压等级及容量港口岸电技术可分为低压小容量岸电技术、低压大容量岸电技术、高压岸电技术三类。港口岸电技术关键参数对比见表1.2，典型港口岸电全生命周期对比分析见表1.3。

表1.2 　　　　　　　　港口岸电技术关键参数对比

类别	低压小容量 岸电技术	低压大容量 岸电技术	高压岸电技术
典型应用 场景	京杭运河渠化段、内河服务区、湖泊及锚地等水域	沿江大中型、沿海中小型港口等水域	沿海、沿江大中型港口等水域
适用船舶	小型集装箱船、干散货船、滚装船等	中型集装箱船、干散货船、游轮、邮轮等	大型集装箱船、干散货船、游轮、邮轮等
容量范围	100kVA及以下	100～1000kVA	1000kVA及以上
电压等级	三相380V、单相220V	1kV及以下	1～15kV
频率	50Hz	50/60Hz	50/60Hz
经济性	投资较小，负荷率高，则经济性好	投资一般，负荷率高，则经济性好	投资较大，负荷率高，则经济性好
可靠性	低压400V公用变压器供电，可靠性一般	10kV专用变压器供电，可靠性高	10kV专用变压器供电，可靠性高
安全性	安全性一般，高峰负荷时期，公用变压器台区供电安全性不高	10kV专用变压器供电，安全性高	10kV专用变压器供电，安全性高
便捷性	电缆根数少，便捷性高	电缆根数多，便捷性差	高压上船，电缆根数少，便捷性高
减排效益	用电量小，减排效益一般	用电量较大，减排效益较好	用电量很高，减排效益很好

表1.3　　　　　　　　典型港口岸电全生命周期对比分析表

类别	单位	低压小容量岸电技术（80kVA）	低压大容量岸电技术（200kVA）	高压岸电技术（5000kVA）
一般设备组成		16kVA岸电桩5台、监控运营后台	200kVA低压岸电箱1台、200kVA变频器1台、监控运营后台	5000kVA岸电变频电源系统1套、高压岸电箱1台、监控运营后台
静态投资	万元	25.5	70	620
岸电容量	kVA	80	200	5000
数量	套	1	1	1
平均靠港负荷	kW	40	100	2000
靠泊率	%	58	58	38
每天供电时间	h	12	12	10
年用电量	万kWh	10.2	25.4	277.4
运营期	年	10	10	10
岸电服务+电力费用	元/kWh	1.2	1.2	1.2
用电电价	元/kWh	0.69	0.69	0.69
年服务+电力费用	万元	12.24	30.48	332.88
一般辅机功率	kW	60	160	3500
燃油消耗率	kg/kWh	0.4	0.35	0.35
年消耗柴油	t	40.8	88.9	970.9
年消耗燃油费用	万元	22.3	48.5	530.1
静态投资	万元	25.5	70	620
动态投资	万元	25.5	70	620
项目运营期	年	10	10	10
基准收益率	%	8	8	8
静态投资回收期	年	4.90	5.40	4.38
动态投资回收期	年	6.48	7.37	5.62
项目投资（税前）内部收益率	%	15.62	13.10	18.71

注　本表格财务指标测算主要考虑服务费收益与购电成本，具体项目测算应统筹考虑管理、税务成本等。

2.1.1 低压小容量岸电技术

一、技术原理

低压小容量岸电技术将码头配电变压器380V三相低压电源，经低压一体化岸电桩输出电压为380V或220V、频率为50Hz的电源，接入船上供受电设备使用。低压小容量岸电技术连接示意如图1.3所示。

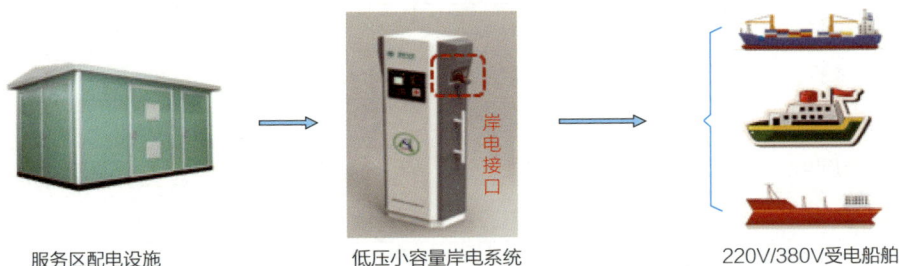

服务区配电设施　　　　低压小容量岸电系统　　　　220V/380V受电船舶

图1.3　低压小容量岸电技术连接示意图

二、技术特点和关键指标

（一）技术特点

（1）电压输出可分为单相220V、三相380V。

（2）每个岸电桩有多个接口，可满足多艘船舶同时供电。

（二）低压小容量岸电技术关键指标（见表1.4）

表1.4　　　　　　　　低压小容量岸电技术关键指标

关键指标	内容
输出容量	20、40、80、100kVA等系列
输出电压	单相为220V、三相为380V。允许偏差±15%以内
输出频率	50Hz，允许偏差±0.5%以内

续表

关键指标	内容
绝缘电阻	不应小于10MΩ
防护等级	（1）小容量电源的防护等级不应低于IP55。 （2）供电插头、供电插座在与保护盖连接后，防护等级不应低于IP54。供电插头和供电插座插合后，其防护等级不应低于IP65
防氧化处理	金属外壳应具有防氧化保护膜或进行防氧化处理

三、技术适用条件和应用场景

适用条件

户外时，工作环境温度范围为-25～50℃。

空气相对湿度不应超过95%。

港口海拔高度不超过1000m。

无剧烈震动冲击，岸电设备应能承受规定的运输颠簸试验。试验后，其外观、结构不应有损伤，且能正常工作。

港口无导电或可致爆炸的尘埃，无腐蚀金属或破坏绝缘的气体或蒸汽。

应用场景

低压小容量岸电系统适用于额定输出电压为380V或220V，频率为50Hz、供电容量100kVA及以下的港口岸电系统，可应用于新建或改造的港口岸电设施，适用于内河服务区、京杭运河渠化段、湖泊及锚地等岸电需求容量为100kVA及以下的船舶。

2.1.2　低压大容量岸电技术

一、技术原理

低压大容量岸电系统通过码头配电变压器输出交流电压为1kV及以下（380V或440V）、频率为50/60Hz的电源，接入船上供受电设备使用。低压大容量岸电技术连接示意如图1.4所示。

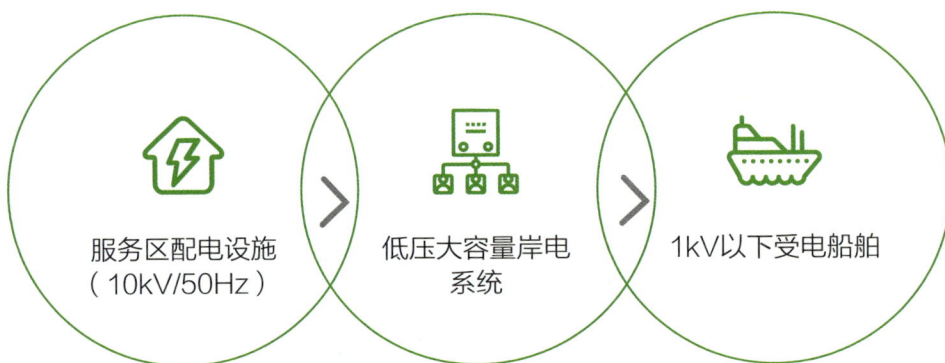

图1.4　低压大容量岸电技术连接示意图

二、技术特点和关键指标

（一）技术特点

（1）输出电压等级为380V、440V等。

（2）每个岸电桩有多个接口，可满足多艘船舶同时供电。

（二）低压大容量岸电技术关键指标（见表1.5）

表1.5　　　　　　　　　低压大容量岸电技术关键指标

序号	关键指标	内容
1	输出容量	宜采用100、200、400、500、630、800、1000kVA等系列
2	输出电压	允许偏差±5%以内
3	输出频率	50Hz或60Hz，允许偏差±0.5%以内

续表

序号	关键指标	内容
4	输出电压波形失真度	不应超过5%
5	瞬态电压变化范围	不应超过±15%
6	瞬态频率变化范围	不应超过±0.5Hz
7	电压波动恢复时间	不应超过1.5s
8	频率波动恢复时间	不应超过1.5s
9	三相电压不平衡度	不应超过3%
10	功率因数	不应小于0.95
11	效率	不应低于95%
12	过载能力	达到额定电流120%时，持续运行时间不应少于10min；达到额定电流150%时，持续运行时间不应少于30s
13	输出过载保护	达到额定电流105%时，应发出报警信号。超过150%额定电流时，且持续时间大于30s时，应发出告警信号、切断输出，并保持故障显示

三、技术适用条件和应用场景

适用条件

- 室内使用时，工作环境温度为-5~40℃，室外使用时，工作环境温度为-20~45℃。

- 室内使用时，空气相对湿度不应超过95%，室外使用时短时可达100%。

- 港口海拔高度不应大于1000m。当海拔高度大于1000m时，应按GB/T3859.2—2013《半导体变流器通用要求和电网换相变流器　第1-2部分：应用导则》规定降额使用。

适用条件

- 室外使用时，沿海港口船舶岸电应采取防潮湿、防霉菌、防盐雾的措施；内河码头船舶岸电应采取防潮湿、防霉菌的措施。

- 港口无导电或可致爆炸的尘埃，无腐蚀金属或破坏绝缘的气体或蒸汽。

应用场景

- 低压大容量岸电系统适用于输出电压为1kV及以下（380V或440V）、频率为50/60Hz的港口岸电系统，可应用于新建或改造的港口岸电设施，适用于沿江大中型、沿海中小型港口码头等岸电需求容量为100～1000kVA的船舶。

2.1.3 高压岸电技术

一、技术原理

高压岸电系统通过码头变电站、变压变频装置，输出交流电压为1～15kV、频率为50/60Hz的电源，接入船上供受电设备使用。该系统供电方式是将码头电网10/6kV、50Hz高压电源变频、变压转换为6.6kV/60Hz、6kV/50Hz高压电源，接入船上配备的船载变电设备变压后供船上受电设备使用。高压岸电技术连接示意如图1.5所示。

二、技术特点和关键指标

（一）技术特点

（1）输出电压等级为6.6kV、6kV等。

（2）高压上船可以减少电缆根数和直径，接驳方便。

图1.5 高压岸电技术连接示意图

（二）高压岸电技术关键指标（见表1.6）

表1.6　　　　　　　　高压岸电技术关键指标

序号	关键指标	内容
1	输出容量	宜采用：1000、1600、2000、3000、5000、8000、12000、16000、18000kVA等系列
2	输出电压	（1）空载条件下，高压岸电电源供电连接点处输出电压不应超过标称电压的106%。 （2）额定负载条件下，高压岸电电源供电连接点处输出电压应在标称电压的97%～105%范围内
3	输出频率	50Hz或60Hz，偏差不超过±0.5%
4	电压相序	在高压岸电电源向船舶送电之前，电源连接点（岸电插座、岸电箱接口处）电压相序应为L1-L2-L3 或A-B-C或R-S-T。相序应按正序方向
5	输出电压波形失真度	空载时，单次谐波电压波形失真度不应超过3%，总谐波失真度不应超过5%

续表

序号	关键指标	内容
6	瞬态电压变化范围	不应超过额定输出电压的±15%
7	瞬态频率变化范围	不应超过±0.5Hz
8	电压波动恢复时间	不应大于1.5s
9	频率波动恢复时间	高压岸电电源在规定的输入条件下，负载（功率因数=0.8滞后）电流在允许范围（0～100%额定电流）内突加或突减引起输出频率发生变化，恢复时间不应大于1.5s
10	三相电压不平衡度	不应超过3%
11	功率因数	不应小于0.95
12	效率	不应低于95%(不包含变压器)
13	过载能力	输出电流等于额定输出电流的110%时，持续运行时间不应少于10min
14	短路电流	（1）最大预期短路电流有效值应由岸侧系统限制在16kA以内，或按照 IEC/ISO/IEEE80005-1—2012《港口电气设施 第1部分：高压岸上连接系统 一般要求》中附录 B 至附录 F 对具体船型的要求确定。 （2）高压岸电电源电气设备的短路电流耐受有效值不应小于16kA，耐受时间不应少于1s。 （3）高压岸电电源峰值短路电流耐受为 40kA，或按照 IEC/ISO/IEEE 80005-1—2012《港口电气设施 第1部分：高压岸上连接系统 一般要求》中具体船型对高压岸电电源峰值短路电流耐受能力的要求确定
15	输出过载保护	高压岸电电源输出电流达到额定值的105%时，应发出报警信号，并保持故障显示。输出电流超过额定值的110%，且持续时间大于600s时，应切断输出
16	输出短路保护	输出负载短路时，高压岸电电源应立即自动关闭输出，同时发出报警信号

三、技术适用条件和适用场景

适用条件

　　室内使用时，工作环境温度为−5～40℃，室外使用时，工作环境温度为−20～45℃。

　　海拔高度不应超过1000m。当海拔高度大于1000m时，应按GB/T 3859.2—2013《半导体变流器通用要求和电网换相变流器　第1−2部分：应用导则》的规定使用。

　　室内使用时空气相对湿度不超过95％。

　　应采取防潮、防霉菌和防盐雾措施。

　　无导电或可致爆炸的尘埃，无腐蚀金属或破坏绝缘的气体或蒸汽。

　　应考虑可能影响，如船舶干舷、潮汐水位情况和上船电缆的位置，以确定高压岸电电源供电连接点。

应用场景

　　高压岸电系统适用于电压等级1～15kV、频率为50/60Hz的港口岸电系统，可应用于新建或改造的港口岸电设施，适用于沿海、沿江大中型港口码头岸电需求容量为1000kVA及以上的船舶。

(2.2) 技术方案

本节岸电技术方案主要选取京杭运河渠化段、长江流域三峡坝区、沿海港口三大类场景。其中，京杭运河渠化段主要介绍低压小容量岸电方案，长江流域主要介绍三峡坝区低压小容量、低压大容量岸电方案，沿海港口主要介绍低压大容量岸电和高压岸电方案。

京杭运河渠化段、长江流域三峡坝区、沿海港口三类场景技术方案

类别	京杭运河渠化段岸电技术方案	长江流域三峡坝区岸电技术方案	沿海港口岸电技术方案
低压小容量岸电	√	√	
低压大容量岸电		√	√
高压岸电			√

2.2.1 京杭运河渠化段岸电技术方案

技术方案 ➤ 选取京杭运河渠化段江苏省某水上服务区72kVA岸电系统作为典型设计案例。采用配电变压器向岸电系统提供400V三相电源，岸电系统向船舶提供220V单相/380V三相交流电源标准接口。该水上服务区共建设三台小容量岸电电源设备，其中220V单相电源2台，每台额定容量16kVA；380V三相电源1台，额定容量为40kVA，总容量为72kVA。每台岸电电源设备均具备2个接口，可提供两艘船舶同时使用岸电。该水上服务区岸电系统典型方案主接线示意和结构示意分别如图1.6和图1.7所示。

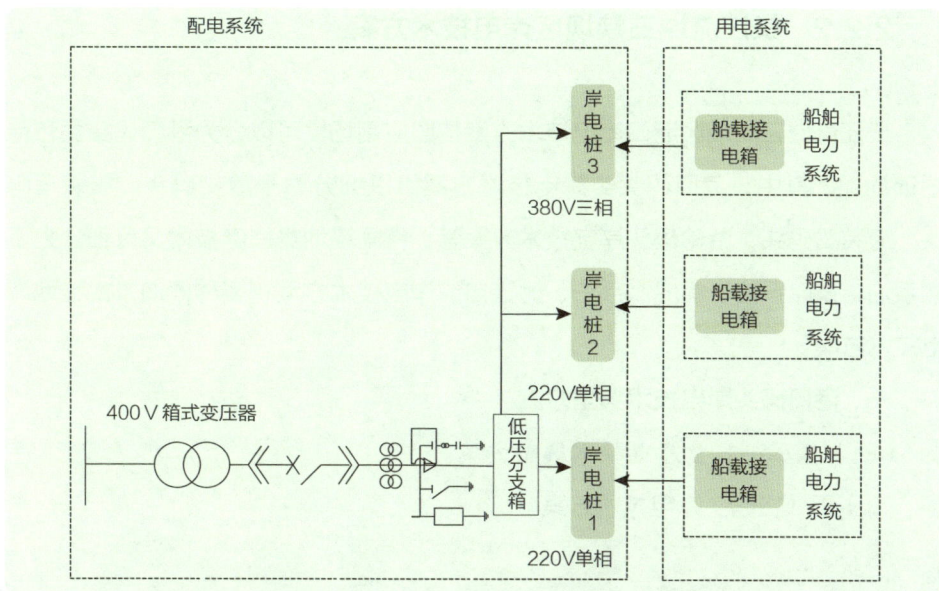

图1.6 某水上服务区岸电系统典型方案主接线示意图

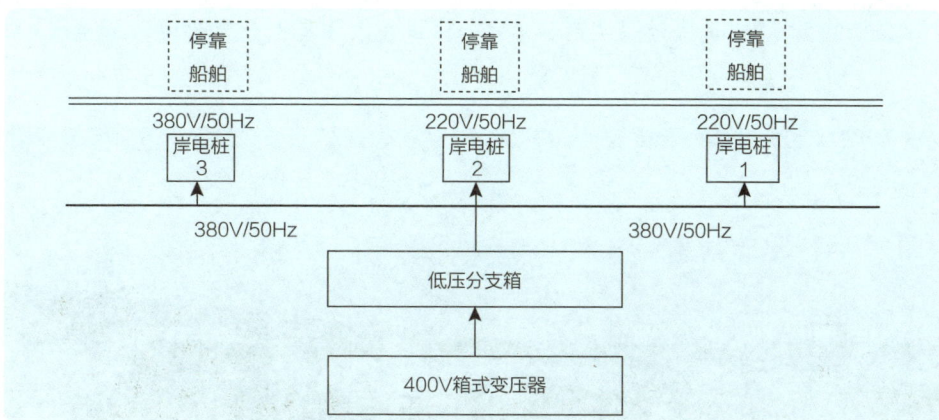

图1.7 某水上服务区岸电系统结构示意图

应用场景 该方案主要适用于小型水上服务区，锚泊渠化段及小型公务码头船舶岸电的用电需求，提供220V单相和380V三相两种接电形式。

2.2.2　长江流域三峡坝区岸电技术方案

长江流域三峡坝区港口岸电技术方案按照应用场景可以分为港口码头类和待闸锚地类。其中，港口码头类岸电技术方案可以细分为干散货码头、集装箱码头、滚装船码头、游轮码头岸电技术方案等；待闸锚地类岸电技术又可细分为丁靠系泊、趸船系泊、靠船墩系泊、抛锚自泊岸电技术方案和多种停泊方式锚地岸电技术方案。

一、港口码头岸电技术典型方案

（一）低压小容量岸电技术典型方案

（1）干散货码头岸电技术方案。

技术方案 ▷　长江三峡坝区干散货码头有8个，共有泊位17个。干散货船靠港期间负载功率约为10～30kW。干散货码头有直立式码头和斜坡式浮码头两种形式，岸电技术方案也分为两种。

干散货码头实景图

方案一

1）直立式干散货码头岸电技术方案。

直立式干散货码头岸电系统由400V/400V隔离变压器、岸电接电箱、电缆收放系统组成，隔离变压器输出侧采用IT制式（输出侧中性点不接地，用电设备外露可导电部分直接接地的方式）供电。该系统示意如图1.8所示。

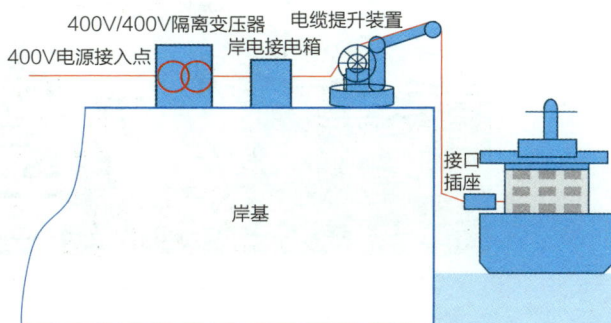

图1.8 直立式干散货船码头岸电系统示意图

方案二

2）斜坡式浮码头岸电技术方案。

斜坡式浮码头岸电系统由400V/400V隔离变压器、低压配电箱、低压电缆、岸电接电箱组成。该系统示意如图1.9所示。

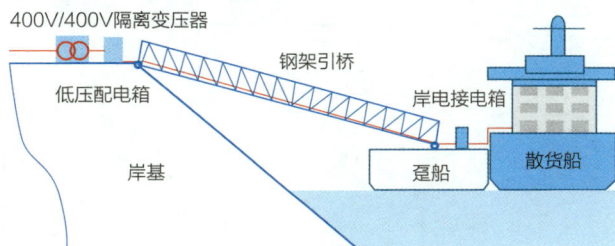

图1.9 斜坡式浮码头岸电系统示意图

此方案适用于无粉尘等污染的干散货码头和件杂货码头，对于有粉尘污染的矿石码头、煤码头、砂石码头，需要对岸电系统采取防尘等措施。

（2）集装箱码头岸电技术方案。

集装箱船码头实景图

集装箱船靠港期间用电负载功率为30~50kW，一个码头通常会有多个泊位，可采用10kV/400V专用变压器为船舶提供岸电。集装箱码头岸电系统由10kV电源、10kV/400V箱式变压器、岸电接电箱、电缆收放系统组成。集装箱船码头岸电系统示意如图1.10所示。

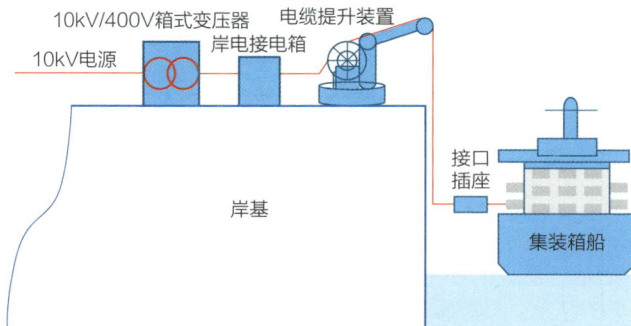

图1.10　集装箱船码头岸电系统示意图

应用场景

集装箱码头岸电系统的电缆提升装置及岸电接口箱的尺寸与安装位置，需要充分考虑港机作业情况。岸电接口箱在具备条件的情况下建议采用地埋式，在岸基表面时建议选用分体卧式结构。集装箱码头通常有多个泊位，每个泊位上的岸电接电箱可以通过级联的方式连接，也可以通过星形连接方式与箱式变压器400V母线连接。

（二）低压大容量岸电技术典型方案

（1）滚装船码头岸电技术方案。

滚装船码头实景图

技术方案

长江三峡坝区有滚装船码头1个，共有泊位5个。通常滚装船码头只停靠一艘滚装船，负载功率为100~150kW，直接采用400V配电网电源供电。滚装船码头岸电系统由400V隔离变压器、岸电接电箱、接口插座及多段导线组成。在之字形三个斜坡顶端分别布置3个接口插座点，人工根据水位移动接口插座位置。滚装船码头岸电系统连接示意如图1.11所示。

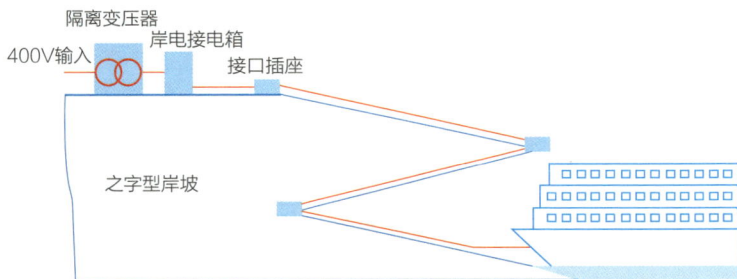

图1.11 滚装船码头岸电系统连接示意图

应用场景

　　此方案适用于之字形滚装船码头，由于三峡坝区每种水位均会维持一段时间，水位升降可提前预知，因此可选择在之字形斜坡每段最高水位处设置接口插座基础。接口插座选用防腐轻质材料，便于搬运。导线选用多段连接方式，随接口插座同时移动。

（2）游轮码头岸电技术方案。

游轮码头实景图

技术方案

长江三峡坝区游轮码头有6个，共有泊位16个。游轮码头岸电系统由岸基供电设备、电缆收放系统、10kV/400V供电趸船、船岸连接设备及岸电管理系统组成。在斜坡上沿着电缆走向铺设托辊式电缆桥架，10kV电缆放置在托辊上进行移动和收放。单艘游轮按500kVA配备供电容量。游轮码头岸电系统示意如图1.12所示。

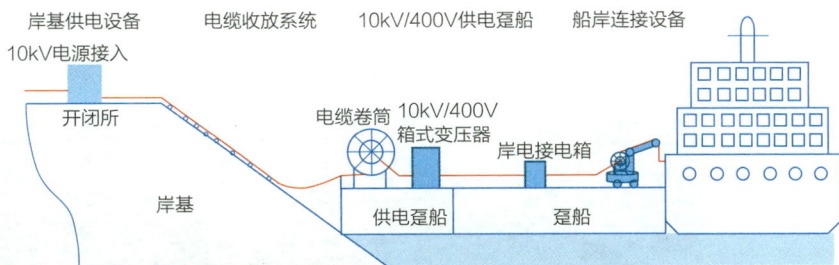

图1.12 游轮码头岸电系统示意图

结合长江三峡坝区游轮码头现状，坝上水位落差较大，电缆卷筒可选择安装在船上，两坝间及坝下水位落差较小，原则上无需配置电缆卷筒，视现场情况而选择电缆收放系统方案。10kV岸基供电电缆收放系统示意如图1.13所示。

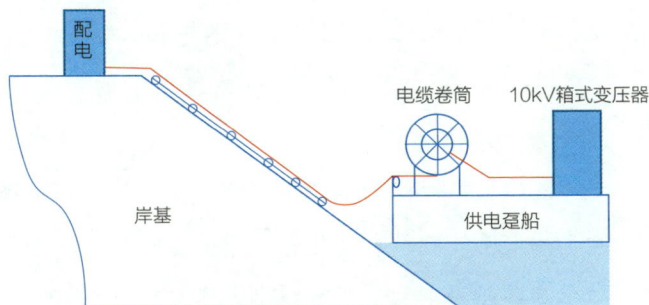

图1.13 10kV岸基供电电缆收放系统示意图

游轮码头岸电技术方案适用于用电负荷比较大的游轮停靠使用岸电，由于供电采用的是10kV上趸船的方案，10kV/400V箱式变压器输出侧建议采用IT接线方式，直接与游轮岸电接电箱连接。对于并靠游轮，外侧游轮可经内侧游轮为其供电。

二、待闸锚地岸电技术典型方案

（一）丁靠系泊锚地岸电技术方案

丁靠系泊实景图

长江三峡坝区12处锚地中有2处丁靠系泊锚地。丁靠系泊是指船舶船体垂直于岸线，船首靠近岸坡，船舶固定在岸边系缆桩的停泊方式。丁靠锚位选择在自然岸坡较稳定、坡度在25°～30°之间的岸线范围内的坝上水域。丁靠锚位水域水流速度缓慢。

丁靠船舶主要船型为5000吨级以下的散货船，通常三艘船一组，系泊至岸上的系船桩。每组船舶总用电负荷约为90kW（3×30kW），采用400V隔离变压器供电。丁靠系泊锚地岸电系统主要由400V/400V隔离变压器、岸电接电箱、电缆收放系统、接口插座等部分组成。岸电技术方案有轨道式、嵌入托辊式、人工搬运式三种。

方案一

（1）轨道式丁靠岸电技术方案。

岸电接电箱、电缆卷盘设置岸坡最高处，配置3个统一规格的接口插座安装于接口缆车上。通过钢丝绳牵引缆车在沿斜坡铺设的轨道上移动。电缆卷盘设置成恒张力模式，通过收放钢丝绳从而自动收放电缆，将接口插座运输至受电船舶附近。轨道式丁靠岸电系统示意如图1.14所示。

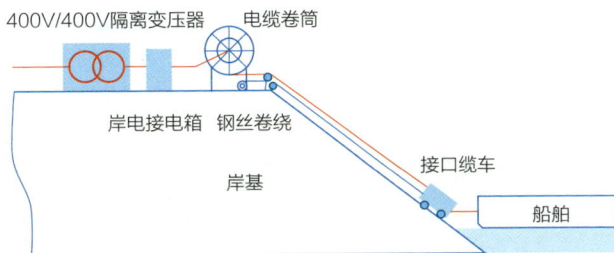

図1.14 轨道式丁靠岸电系统示意图

方案二

（2）嵌入托辊式丁靠岸电技术方案。

岸电接电箱、电缆卷盘安装于岸坡最高处，沿斜坡道设置嵌入式电缆通道，在通道上布置托辊式电缆桥架，电缆末端为3个接口插座。电缆卷盘通过收放电缆移动接口插座。嵌入托辊式丁靠岸电系统示意如图1.15所示。

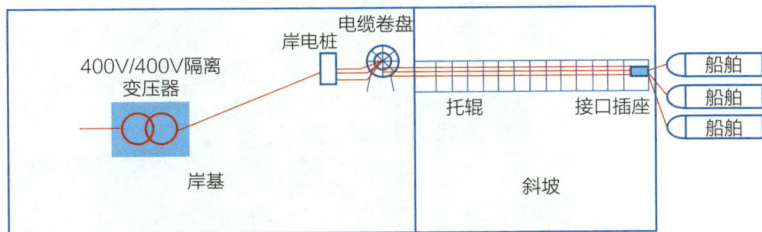

图1.15 嵌入托辊式丁靠岸电系统示意图

（3）人工搬运式丁靠岸电技术方案。

方案三

沿岸坡布置3个接口插座点，人工根据水位移动接口插座位置。接口插座选用防腐轻质材质，便于搬运。导线可选用多段连接方式，随接口插座一起同时进行移动。人工搬运式丁靠岸电系统示意如图1.16所示。

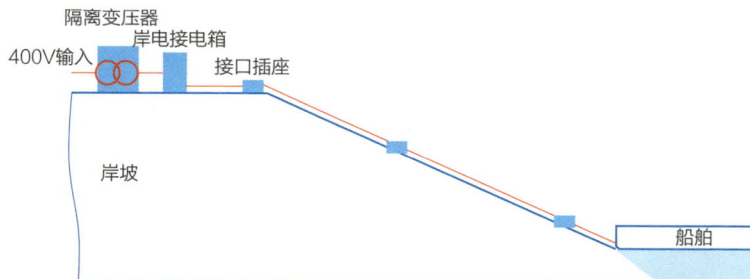

图1.16　人工搬运式丁靠岸电系统示意图

应用场景

丁靠系泊岸电系统技术方案适用于已经建成斜坡段的丁靠锚地，对于较陡土质岸坡场景则不适用。

（二）趸船系泊锚地岸电技术方案

技术方案

长江三峡坝区的12处锚地中有1处趸船系泊锚地。趸船系泊是利用趸船来系泊船舶，通过松紧趸船的锚链以适应水位的变

趸船系泊实景图

化。趸船系泊的优点是船舶停靠方便，对水位变幅适应灵活，方便锚地值守、管理；缺点是初期投资较大，后期使用过程中的维护费用较高。

根据趸船离岸边的距离远近分为近岸趸船供电和远岸趸船供电两种形式。趸船系泊岸电系统主要由供电趸船、电缆收放系统、岸电接电箱、船岸连接电缆等组成。近岸趸船系泊岸电系统示意如图1.17所示，远岸趸船系泊高空架设供电岸电系统示意和远岸趸船系泊江底穿越供电岸电系统示意如图1.18和图1.19所示。

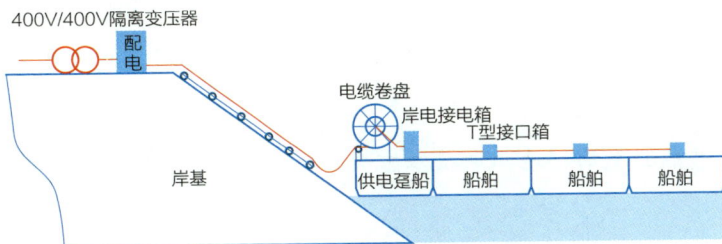

图1.17 近岸趸船系泊岸电系统示意图

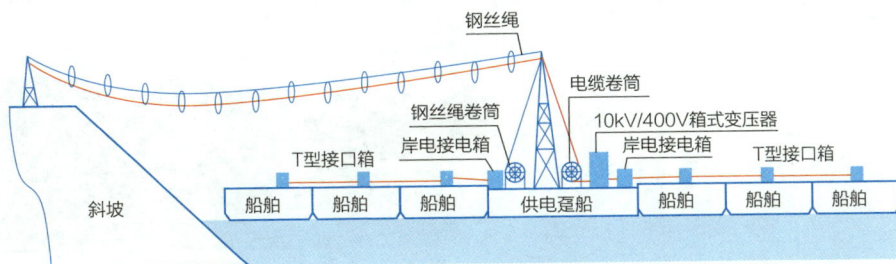

图1.18 远岸趸船系泊高空架设供电岸电系统示意图

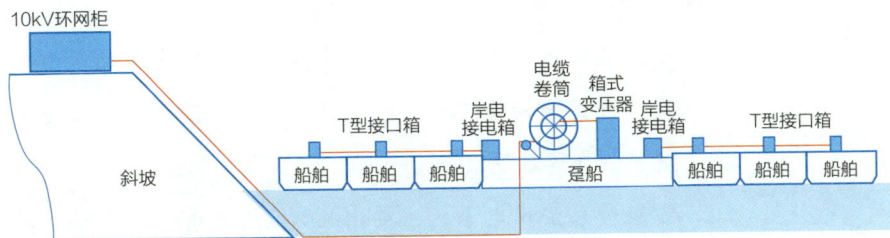

图1.19 远岸趸船系泊江底穿越供电岸电系统示意图

在供电趸船的两舷合适位置分别设置一个岸电接电箱，每个岸电接电箱配置2个接口插座，岸电接电箱输入侧接至趸船400V电力系统。同时在趸船上配置电缆收放装置，便于为附近抛锚自泊的船舶提供电源供给。

系泊船舶与低压接电箱之间的连接可以每艘船舶直接与岸电接电箱连接，也可以通过相邻船舶采用T形接口箱跨接方式连接。

应用场景 ▶ 本趸船系泊岸电系统主要适用于5000吨级以下的散货船。趸船近岸侧停靠船舶的数量需要根据趸船所处位置的水文条件决定。趸船系泊的船舶数量需要根据航道、水流、水文等情况决定。

（三）靠船墩系泊锚地岸电技术方案

技术方案 ▶ 长江三峡坝区12处锚地中有1处靠船墩系泊锚地。靠船墩系泊是指利用固定靠船墩顺岸系泊，具有岸线固定、靠泊点明确等优

靠船墩系泊实景图

点，适合各种水位条件下的船舶尤其是船队安全系泊。由于系缆固定，与其他锚泊方式比较，该方式较为安全，但投资大，水工建筑物修建难度大。

靠船墩系泊岸电系统主要由400V低压电缆、岸电接电箱、电缆收放系统、接口插座、船岸连接电缆等组成。

方案一

（1）浮趸式靠船墩系泊岸电技术方案。

在两个靠船墩之间设置浮趸，在靠船墩两侧安装导轨，将浮趸安装在四根导轨及两根靠船墩围绕的空间内，使其随水位上下自动升降，电缆卷筒安装于趸船上，从岸边400V接电箱取电，输出端连接至岸电接电箱。电缆卷筒设置成恒张力模式，可根据水位变化自动收放电缆。浮趸式靠船墩系泊岸电系统示意图如图1.20所示，该系统船岸连接示意如图1.21所示。

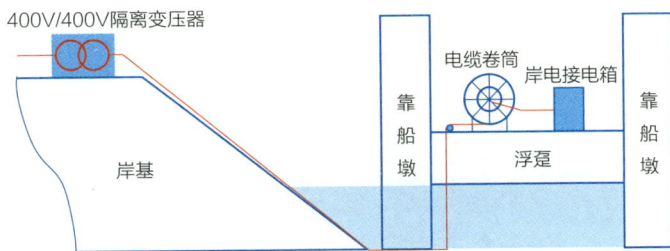

（a）水平示意图

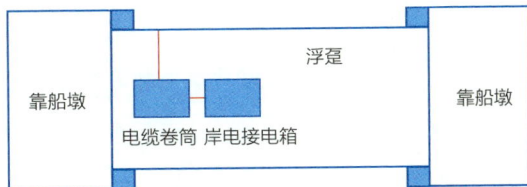

（b）垂直示意图

图1.20　浮趸式靠船墩系泊岸电系统示意图

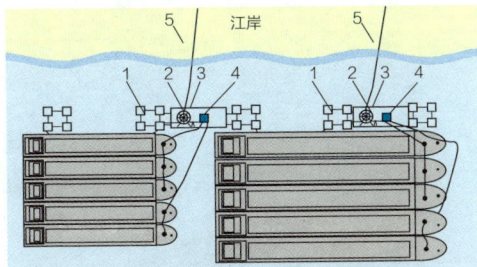

图1.21　浮趸式靠船墩系泊岸电系统船岸连接示意图

1—靠船墩；2—电缆卷筒；3—浮趸；4—岸电接电箱；5—400V电缆

每一组靠船墩设置两套浮趸供电系统，采用400V江底电缆供电，由于存在船舶并靠停泊的现象，建议三艘船一组，使用T型连接实现分组供电，解决跨船连接问题。

方案二

（2）移动插座式靠船墩系泊岸电技术方案。

将岸电接电箱、电缆卷筒安装于靠船墩顶端，沿靠船墩垂直方向设置电缆槽，电缆卷筒收放端接头为移动式接口插座，可通过电缆卷筒而上下移动。移动插座式靠船墩系泊岸电系统示意图如图1.22所示。

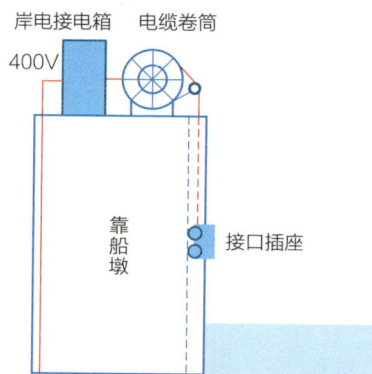

图1.22 移动插座式靠船墩系泊岸电系统示意图

应用场景

靠船墩系泊锚地岸电技术方案可在此停泊的汽车滚装船及集装箱船等提供岸电，可根据水位变化自动调整岸电箱位置，满足各种水位条件下靠泊船只的用电需求。

（四）抛锚自泊锚地岸电技术方案

抛锚自泊实景图

技术方案

长江三峡坝区12处锚地中有4处抛锚自泊锚地。抛锚自泊是一种常见的锚泊方式，通过将船上以锚链或锚索连接的锚抛入水底，其产生的抓力把船舶牢固地系留在预定位置，是一种简易经济的锚泊方式。在三峡坝区水流速度较快、水位落差较大的坝中和坝下流域，船舶适合选用抛锚自泊的方式停靠。

抛锚自泊货船一般布置在江中水域，距离岸边较远，无法设置船岸连接设施。可在江中布置远岸趸船供电，采用电缆通过江底埋深敷设至趸船下方后，再垂直伸至趸船甲板上与趸船岸电接电箱连接。远岸趸船抛锚自泊岸电接入方案示意如图1.23所示。

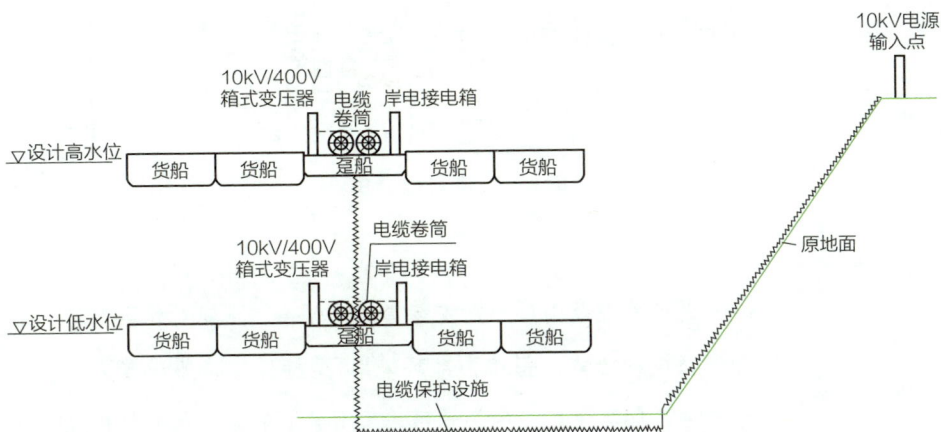

图1.23 远岸趸船抛锚自泊岸电接入方案示意图

　　趸船配置10kV/400V箱式变压器，由趸船对船舶进行400V供电。趸船两侧停靠船舶系泊6艘、抛锚自泊6艘。船舶停靠方式以垂直岸线方向为一排，每一排配置一艘靠泊趸船。趸船与岸基之间供电采用10kV江底电缆方式，满足趸船及相邻系泊和抛锚自泊船舶的用电需求。抛锚自泊岸电接入方案示意如图1.24所示。

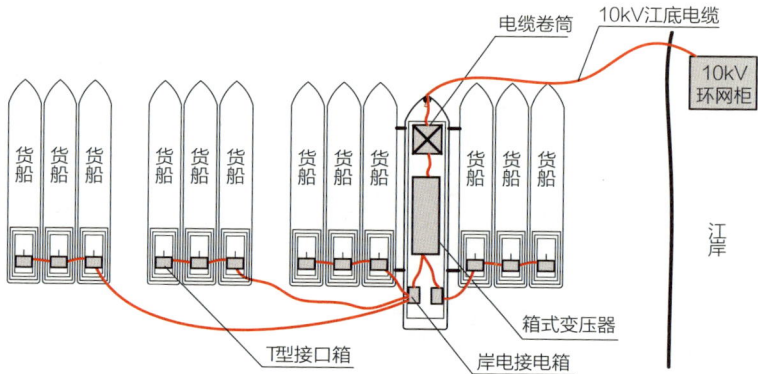

图1.24　抛锚自泊岸电接入方案示意图

　　趸船外舷及内舷分别安装岸电接电箱，趸船对外供电可采用分组供电的方式，每组内部可采用T型接口箱跨船连接方案。抛锚自泊船舶数量较多的场景可采用两条趸船为一组进行供电，趸船之间通过浮桥连接，以减少江底电缆数量。

应用场景 ▶ 抛锚自泊锚地岸电技术方案适用于在坝区水流速度较快、水位落差较大的坝间和坝下流域。

（五）多种停泊方式锚地岸电技术方案

技术方案 ▶ 长江三峡坝区有多种停泊方式锚地4个。多种停泊方式锚地涉及的抛锚自泊技术方案、趸船系泊技术方案、丁靠系泊技术方案和干散货码头岸电技术方案，前文已有介绍，以下主要介绍船电宝技术方案和水上综合生态服务中心岸电技术方案。

方案一 （1）船电宝技术方案。

在船舶待闸锚泊期间由船用移动式一体化储能设备（以下称为船电宝）为停泊船只提供用电服务。该设备采用一体化设计，能实现电源即插即充、负载即插即用，具有足够的备用容量，保证满足船舶用电需求，保证安全优质供电。

多种停泊方式锚地岸电技术方案

船电宝技术方案

水上综合生态服务中心岸电技术方案

船电宝具有足够的备用容量，保证满足船舶用电需求，保证安全优质供电。

水上综合生态服务中心以水上工作趸船为主，以工作船码头和陆域服务中心为辅。

　　船电宝集中配置在储能站（码头或供电趸船上），码头或供电趸船上设置有专用充电装置，并配置装有小型吊车的电动服务船。使用前在储能站充满电后集中放置，当有船舶需要船电宝供电时，由服务人员将船电宝吊转至服务船上，运抵待供电船舶旁，再将船电宝吊到待供电船舶上给其供电。船舶离开时，再将船电宝运回储能站，完成供电服务。

　　15kW/30kWh船电宝采用模块化磷酸铁锂电池模块，由电池模块串联组成电池系统，电池系统容量30kWh。储能PCS使用功率为15kW，输出单相交流电。设备尺寸为1200mm×1200mm×1200mm（宽×深×高），重量500kg。

　　30kW/60kWh船电宝采用模块化磷酸铁锂电池模块，由电池模块串联组成电池系统，电池系统容量60kWh。储能PCS使用功率为30kW，输出三相交流电。设备尺寸为1200mm×1200mm×1400mm（宽×深×高），重量1100kg。

方案二

　　（2）水上综合生态服务中心岸电技术方案。

　　水上综合生态服务中心以水上工作趸船为主，以工作船码头和陆域服务中心为辅。水域布置2~3艘工作趸船（分为1号、2号、3号），两船之间通过跳趸和跳板连接，满足互相通行需要。

　　1号趸船江侧满足待闸船舶锚泊需要，岸侧满足工作船（岸电服务船、污水收集船）停靠需要，趸船上布置岸电供电设施、污水收集池和沉淀池、固体废弃物存放区以及相应的起重设备。

　　2号趸船上布置岸电船岸连接设施、岸电供电设施、超市、餐馆、休闲娱乐区。

　　3号趸船上布置岸电供电设施、医务室、宾馆、健身房等。

每个水上综合生态服务中心布置工作船码头一座，满足工作船（岸电服务船、污水收集船）靠泊、物资装卸、人员上下的功能，陆域布置业务用房、物资仓库、员工宿舍、污水处理池、废弃物堆场、停车场、充电站，以及道路、绿化等必要的生产生活设施。

应用场景

多种停泊方式锚地岸电技术方案适用于水域广、锚泊船舶数量多、水流速度缓的锚地。为了实现岸电的有序、安全、便捷使用，需要配套船舶锚泊管理措施。例如按船型指定位置分类锚泊，按离泊时间有序锚泊等。为降低建设成本，建议两艘供电趸船为一组，共用一套岸基供电系统。

2.2.3　沿海港口岸电技术方案

一、低压大容量岸电技术典型方案

技术方案

选取江苏省某海港300kVA低压大容量岸电系统作为典型设计方案，系统根据码头泊位设置，典型设计方案是一个变频容量为300kVA的低压大容量岸电系统，包括进出线开关柜、额定容量为300kVA的岸电变频电源、低压接电箱、隔离变压器、岸电监控系统等。该系统主接线示意和布局示意如图1.25、图1.26所示。

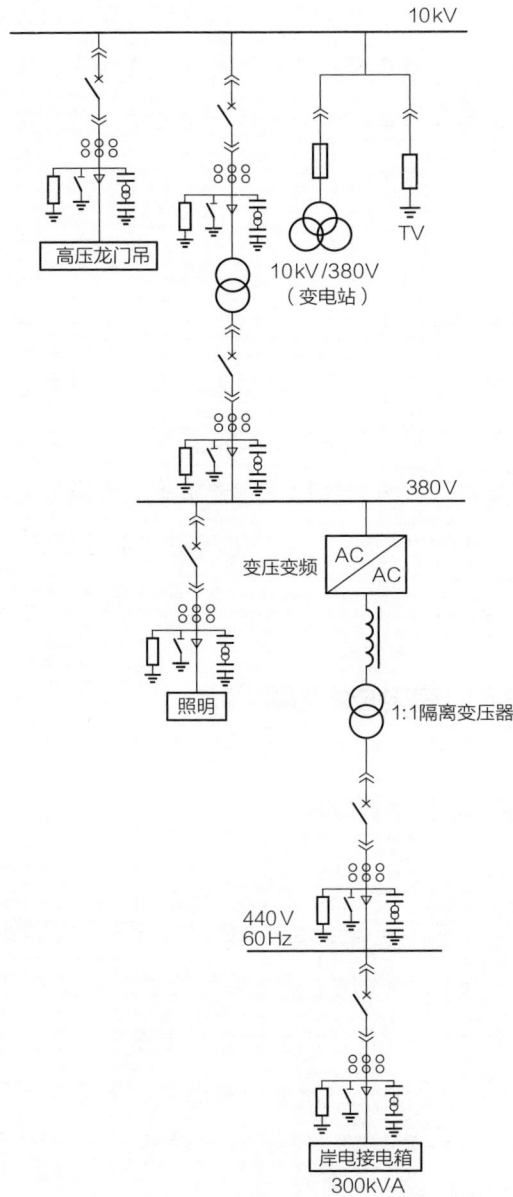

图1.25 300kVA低压大容量岸电系统主接线示意图

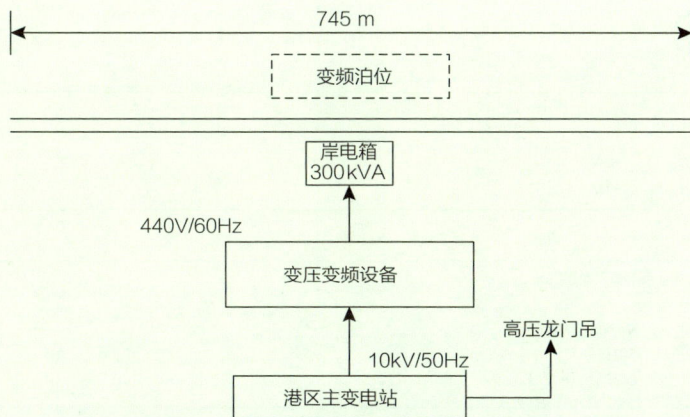

图1.26 300kVA低压大容量岸电系统布局示意图

应用场景 ▶ 该方案主要适用于5万吨～10万吨级散货码头船舶岸电的用电需求,通过岸电变频电源调节可向船舶提供440V/60Hz或400V/50Hz的岸电。

二、高压岸电技术典型方案

技术方案 ▶ 选取上海市某港口5000kVA岸电系统项目作为典型设计案例,5000kVA容量岸电电源包含输入开关柜、输入馈线柜、输入变压器、变频电源、输出变压器、输出开关柜以及控制系统等。其中,高压开关柜对进线进行分断控制;输入变压器将进线10kV高压转化成3.3kV,并通过3.3kV变频电源将50Hz转化成频率为60Hz电压为3.3kV的电源;输出变压器将变频电源输出的3.3kV变为6.6kV,输出侧开关柜对出线进行分断控制。同时,变频电源冷却方式采用强制水冷。5000kVA容量高压岸电系统典型方案如图1.27所示。

现场输入电源

输入开关柜

10kV
50Hz

输入变压器

S=5000kVA
50Hz
U_1/U_2=10kV/3.3kV

变频电源

输入滤波柜

功率柜

S=5000kVA
IN: 3.3kV 50Hz
OUT: 3.3kV
60/60Hz

输入滤波柜

输出变压器

U_1/U_2=3.3kV/6.6kV
60/60Hz

输出开关柜

6.6kV
60/60Hz

岸电接电箱

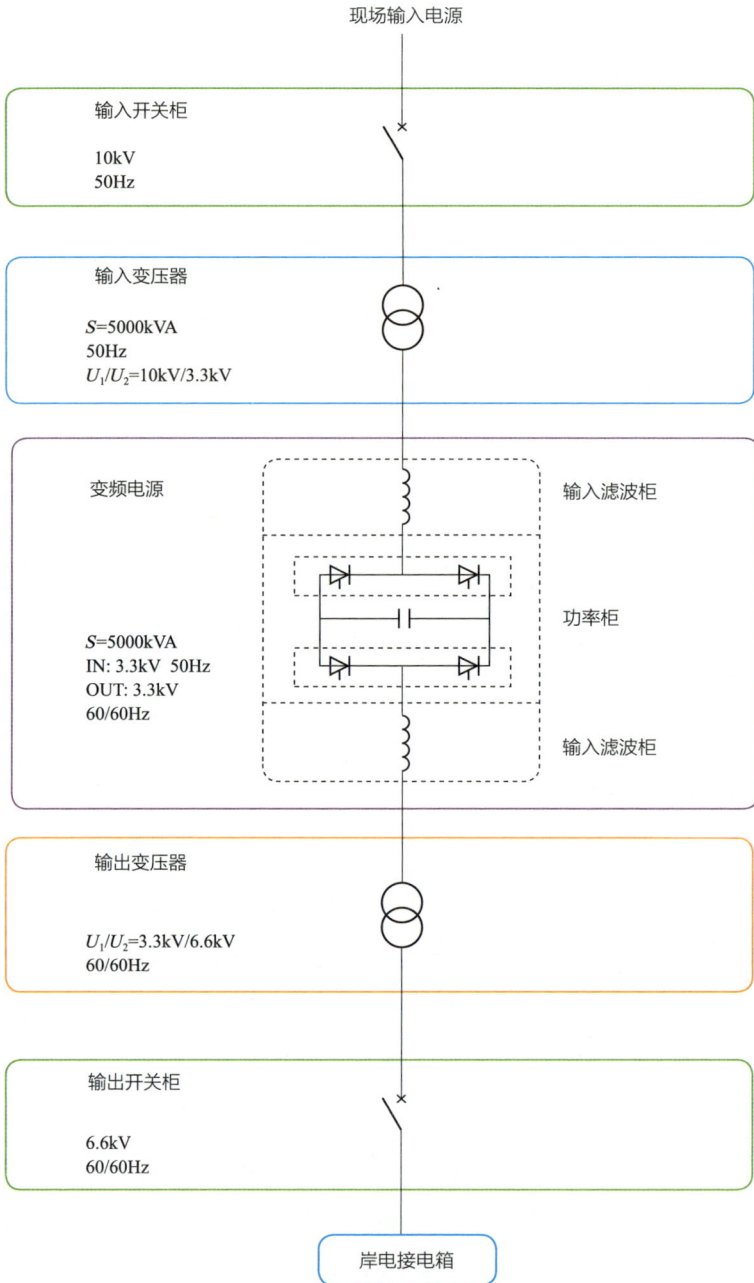

图1.27　5000kVA容量高压岸电系统典型方案图

岸电变频电源装置放置于配电房内空余位置（或者置于户外集装箱中），配电房给岸电系统提供10kV、50Hz的进线电源，经岸电系统变压变频输出6.6kV、60Hz高压电源，由地下管路敷设至码头前沿，接至高压接电箱，高压接电箱放置于前沿专用地坑，箱内设置快速接线装置，为船舶提供电源。

船舶停靠码头时，船上的电缆管理系统将电缆导轨放下，电缆沿着导轨缓慢放至地面，电缆通过快速连接插头连接到岸电接电箱，完成船上和岸上的供电回路连接。

应用 场景 ▶ 该方案适用于新建或改造的港口岸电设施，主要适用于以集装箱码头船舶为主，船舶吨级在10万吨级以上的沿海大型港口码头岸电系统建设。

第❸章
项目建设与运维

③.1 ▶ 项目建设

3.1.1 项目建设流程

前期调研

　　省综合能源公司根据当前政府发布的港口岸电政策，选择有条件实施的港口，联系港航管理局下发调研通知，和当地供电公司一起到港口进行现场调研，获取港口基本信息和船舶用能信息。

制定方案

　　省综合能源公司与港口方和船方洽谈合作，确定合作意向并出具初步方案，组织各方召开专家评审会议，共同确定技术方案，并确定商业模式以及后续运维模式。

项目实施

　　经过招投标流程，签订合同后，进行项目实施，业主方确认岸电设备后，施工单位进行岸基开挖、电气安装和电缆敷设等工作，安装完毕后，后期进行设备调试、竣工检验及竣工送电。

> **注意事项** 船舶需要改造的话，需要经过船级社等船检机构认证，带有受电设施的船只可以直接通电试运行。

港口岸电建设实施流程如图1.28所示。

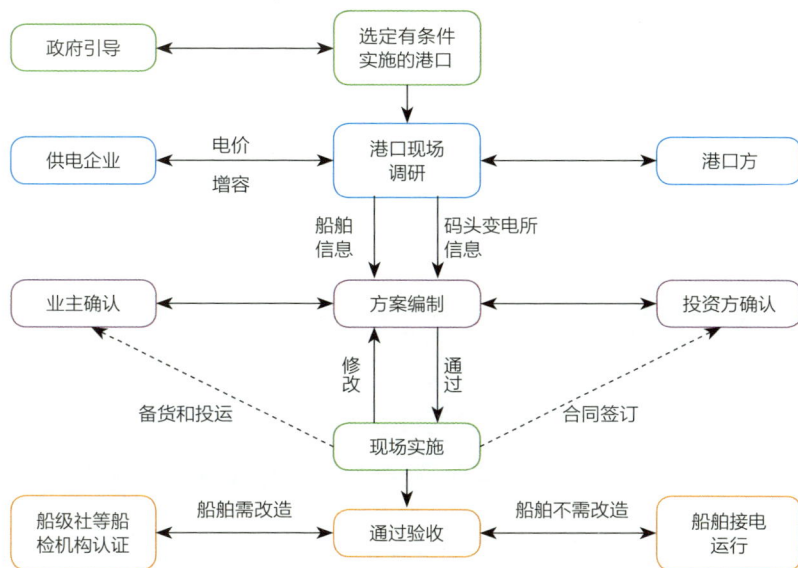

图1.28 港口岸电建设实施流程图

3.1.2 项目实施流程中应注意的重要问题

岸电工程应装设船岸对接的控制系统，以完成岸电和船上电源的无缝切换。

船舶辅机停止运行后，需观察与之相关的循环水冷却系统等是否受影响，必要时加装电加热装置来保持循环水温度。

对船舶的供电电压应满足船舶用电设备的需要，以免出现跳闸、设备绝缘损坏等故障。

3.1.3　技术方案实施的要求

▶ 港口内部配电网络和外部公用电网应提供充足的电力供应，能够满足船舶改用岸电后增加的电力需求。

▶ 确保供电可靠性，避免因外部电源断电引起的供电中断。

▶ 码头应有充足空间供装设码头接电箱。

▶ 岸电设备提供给船舶的电源应能够满足电压、频率等参数。

3.2　投资界面

岸电设备可由港口方、供电公司或社会资本投资，船方受电设备新船自带、旧船由船方进行改造，配套电网由供电公司投资，港口方内部供配电设施由港口方自行投资。

- 新船自带
- 旧船船方改造

港口方投资

船方受电设施　　配套电网　　港口内部供配电设施

岸电设施

- 港口方投资
- 供电公司投资
- 社会资本投资

- 供电公司投资

港口岸电工程投资界面

以三峡坝区游轮码头为例，配套电网和岸电设施的投资分界点在10kV高压开闭所前的第一断路器或第一支持物处，供电趸船等属于水上交通配套设施。具体明细如下。

| 配套电网 | > | 从公用线路搭接至10kV高压开闭所前的第一断路器或第一支持物的10kV线路，第一断路器或第一支持物属于配套电网。 |

| 岸电设施 | > | 10kV高压开闭所及其之后的高压接电箱、电缆收放系统、箱式变压器、岸电接口箱、电缆、可滚动移动式电缆卷筒等。 |

| 水上交通配套设施 | > | 供电趸船、浮墩及跳板、电缆沟等。 |

3.3 投资运维模式

港口岸电的投资运维模式可分为合资公司投资运维模式、国家电网有限公司投资运维模式、港口自主投资运维模式三大类。其投资运维模式如图1.29所示。

- 省电力公司
- 港口管理局
- 港口企业

- 港口企业
- 社会资本

港口岸电投资运维模式

合资公司投资运维模式　　国家电网有限公司投资运维模式　　港口自主投资运维模式

- 省电力公司
- 省综合能源公司
- 地市供电公司

图1.29　港口岸电投资运维模式示意图

3.3.1 合资公司投资运维模式

模式概述

由省电力公司（地市供电公司或省综合能源公司为代表）与本地码头管理局、地方港口企业等单位成立合资公司，整合各方资源和优势，因地制宜开展工作。

业务划分

合资公司是岸电建设、运营和运维工作的实施主体，负责岸电设施日常保养维护、船舶接电服务、费用清分结算、岸电宣传推广、增值服务等。

费用结算

船舶客户通过国网"e充电"App线上缴费等方式向国家电网有限公司"车船一体化综合运营平台"支付费用，电价和服务费按照物价局批准的标准执行。平台按月结算电费及服务费至合资公司，合资公司结算电费至地市供电公司（或省综合能源公司）。

3.3.2 国网公司投资运维模式

模式概述

成立地市供电公司（或省综合能源公司）岸电运营服务分公司（以下简称岸电分公司），负责岸电设施建设、运维、运营服务工作。

业务划分

日常职能及生产管理工作：由地市供电公司（或省综合能源公司）内部招聘或委任的负责人及管理人员进行。

生产业务：岸电设施运维及船舶接电服务等业务项目，通过业务外包方式，整体发包给具备相应资质的业务承包商承担。

费用结算 船舶客户通过国网"e充电"App线上缴费等方式向国家电网有限公司"车船一体化综合运营平台"支付费用。费用标准按照物价局批准的标准执行，平台按月结算至地市供电公司（或省综合能源公司）。

3.3.3 港口自主投资运维运营

港口方成立岸电运营服务团队，负责岸电设施投资建设与运维服务工作。

3.3.4 对比分析

港口岸电投资运维模式对比分析

	合资公司投资运维模式	国家电网有限公司投资运维模式	港口自主投资运维模式
岸电建设	可充分调动各方资源，协调建设中出现的各类问题，确保项目建设进度	可统一建设标准，高质量建设岸电设施，确保设施安全可靠	组织实施存在一定难度，可能存在资金不能及时到位、工期延误等情况
设备运维	运维团队由社会化人员组成，可降低运维成本	运维团队由国家电网有限公司组建，可提高运维质量	运维团队需要进行培训，不够专业，运维质量得不到保障
运营服务	可实现属地化管理，减少服务人员，降低整体运营成本	可参照国家电网有限公司充电站管理模式，提供成熟、优质的服务	内部人员便于管理，可降低成本，服务水平难以保障

第❹章
项目后评价

4.1 ▸ 综合效益评价

4.1.1 主要运营指标分析

对港口岸电领域电能替代项目的综合效益评价可采用指标分析法。重点关注投运一年及以上的港口岸电电能替代项目的主要运营指标，选取项目投运一年或设备全生命周期的运营数据为基础开展综合效益评价。具体可从港口方综合效益、船方综合效益、电网企业综合效益、社会综合效益等四个方面进行评价，详见表1.7。

表1.7 　　　　　　　　　主要运营指标分析评价表

评价维度	评价指标
港口方综合效益	投资额（万元）
	岸电年均使用率（%）
	年用电量（万kWh）
	投资成本回收周期（年）
	噪声指数［dB(A)］
	其他
船方综合效益	投资额（万元）
	岸电年均使用率（%）
	年用电量（万kWh）
	替代燃油量（万t）

续表

评价维度	评价指标
船方综合效益	投资成本回收周期（年）
	噪声指数［dB(A)］
	其他
电网企业综合效益	港口岸电领域售电量（万kWh）
	售电收入（万元）
	省综合能源服务公司投资项目收益（万元）
	带动重点项目建设运营
	其他
社会综合效益	折合减少标准煤燃烧量（t）
	减少二氧化碳排放量（t）
	减少二氧化硫排放量（t）
	减少氮氧化物排放量（t）
	减少粉尘（颗粒物）排放量（t）
	其他

4.1.2　对标分析

一、替代前后电量增长情况对标分析

比较所在区域港口岸电用电量的同比、环比增长幅度，评价港口岸电领域电能替代阶段性实施效果。

二、国家、行业、同类企业类似项目对标分析

建立26家省电力公司岸电项目库，可以进行内部对标分析，获取同类项目运营水平，分析指标差异原因，再通过港口岸电的主管部门，进行外部项目对比分析，提升岸电运营水平。

4.2 ▶ 总结项目亮点特色

　　项目实施完成后，分别从提升项目潜力挖掘水平、提高电能供给能力、加速配套电网建设、完善供电服务保障、创新电能替代技术、创新商业合作模式、产生经济社会效益、取得政府政策支持和加强项目宣传推广等方面，总结提炼项目亮点特色。具备三个及以上亮点特色或在某一方面有重大突破或综合效益较好的项目，可纳入国家电网有限公司典型项目库。

亮点特色	具体内容示例
提升项目潜力挖掘水平	开展电能替代潜力挖掘工作，遴选本地电能替代典型行业，建立重点潜力项目库
提高电能供给能力	提高电网规划、建设、运维水平，提升港口码头区域供电能力等方面
加速配套电网建设	简化配套电网建设项目管理流程，下放配套电网项目管理权限；积极构建全环节适应市场、贴近客户的业扩配套电网项目管理和工程建设机制；推行供电方案和初设一体化，统一配套电网工程出界界面；建立多层级协同机制，优化物资供应方式，加快配套电网工程建设速度等方面
完善供电服务保障	开辟港口岸电领域电能替代项目业扩"绿色通道"，缩短接电时限，确保港口新增用电设备及时供电；设立专属客户经理，执行项目经理制，负责项目工程启动、推进、落实全过程服务与管理等方面
创新电能替代技术	率先在港口岸电领域开展电能替代改造，运用电能替代技术，主动将"互联网+"新技术与港口岸电项目工程管理有机结合，做到工程的安全、质量、进度、服务管控工作可视化和智能化等
创新商业合作模式	积极引导社会力量参与，探索多方共赢的市场化运作模式；与能源服务类公司进行合作，创新采用合同能源管理、设备租赁等商业模式，在项目建设过程中，缓解用户短期资金压力，推动项目落地；实现供电公司增供扩销，能源服务类公司获得相应经济利益等方面

产生经济社会效益 ◀	用户整体能耗显著下降；供电公司在港口岸电领域的售电量、电费收入显著增加；所在区域港口岸电用电占全社会用电量比例有所提升；对促进节能减排有显著效果
取得政府政策支持 ◀	与政府、相关主管部门签订战略合作协议；将港口岸电领域电能替代专项规划纳入地方政府城市发展规划；与地方政府、相关主管部门积极沟通汇报，取得补贴、运维等支持政策
加强项目宣传推广 ◀	坚持以点带面有序推进

4.3 项目完善提升措施及建议

项目实施完成后，分别从电能供给能力、配套电网建设、供电服务保障、经济社会效益、政府政策支持等方面，总结项目执行过程中存在的缺陷，提出项目完善措施及建议。

存在缺陷的分析维度	具体内容示例
电能供给能力 ▶	特殊、边远水域因电能供给能力限制，导致不能广泛推广港口岸电项目；风、光等其他清洁能源的分布式能源并网技术研发不足等方面
配套电网建设 ▶	投资界面不清晰，配套电网工程建设未与客户工程同步建设、同步投运；业扩配套电网建设滞后影响客户正常接电、用电等方面
供电服务保障 ▶	业扩项目过程管控不到位，导致流程时限超长，客户感知不佳体验等方面
项目建设成效 ▶	项目经济性较差，出现投资亏损，收益水平低等情况
政府政策支持 ▶	政府支持力度不足，缺少针对性配套政策；宣传推广力度不足，电能替代支持政策知晓度、认可度不高等情形

第二篇

案例篇

▼

本篇分别从项目基本情况、技术方案、项目实施及运营、项目效益和推广建议五个方面对京杭运河渠化段、长江流域三峡坝区、沿海港口等场景中的应用案例进行了介绍和分析。

案例 ❶
长江三峡坝区码头低压小容量岸电典型案例

1.1 项目基本情况

1.1.1 用能单位基本情况

宜昌港务集团云池港位于湖北省宜昌市猇亭区，是水、铁、公联运港区，常年水深达6m，码头作业栈桥岸线已修建420m，4个5000吨级泊位，集装箱年吞吐量超过10万标箱，稳居湖北省水运口岸第二位，并满足年通过能力40万载箱量（简称TEU）的口岸服务功能。2017年度，该港泊岸船舶作业次数约为1760次。

由国网宜昌供电公司投建的云池港岸电站位于云池港码头作业栈桥上。项目初期投资109万元，采取集装箱码头岸电技术典型方案、优选"互联网+岸电服务"运营模式，项目实施体现了投建工期短，投运时间快的特点。该项目自2017年6月1日现场勘址，于2017年6月20日送电投产，2017年7月1日正式接入国网智慧车船网一体化平台对外营运，项目完工时间仅20个工作日。

云池港泊岸船舶普遍使用柴油发电机组发电，单次泊岸时长受装卸作业时间、海关报验手续等因素影响。据该港口2017年度统计数据显示，平均泊岸时长12h，最长72h，年度泊岸作业船舶1760次。按集装箱船单条船泊岸用能10h计算，辅机功率为84kW的柴油发电机组，每小时耗油量8L，柴油价格按6.5元/L市场价估算，单次泊岸10h用能的柴油发电费用在520元左右。

云池港口概览图

云池港口岸电现场图

云池港实地调查显示，泊岸船舶采取柴油发电存在用能成本高、大气污染大、噪声污染大，且柴油发电机组需要不间断的人工监管、影响船工正常休息等不利影响。云池港改造前用能情况见表2.1。

表2.1　　　　　　　　　云池港改造前用能情况一览表

船舶类型	典型船舶名称	柴油机型号	用能结构	用能总量						用能费用	
				发电辅机功率（kW）	耗油率（g/kWh）	耗油量（L/h）	单次泊岸时长（h）	单次耗油量（L）		柴油单价（元/L）	单次泊岸用能费用（元）
干散货船	通海永恒	8170	柴油发电	84	0.23	5.5	15	82.5		6.5	536.25
集装箱船	长虹1号	6170	柴油发电	84	0.23	8.0	10	80.0		6.5	520.00
	海川2号	6190	柴油发电	84	0.23	8.0	10	80.0		6.5	520.00
	海川3号	6105	柴油发电	84	0.23	8.0	10	80.0		6.5	520.00
	渝港集9号	8210	柴油发电	84	0.23	8.0	10	80.0		6.5	520.00

1.1.2　项目实施背景

2018年4月28日，习近平总书记在考察沿长江经济带时作出"共抓大保护、不搞大开发"重要指示，在此背景下，国网宜昌市高新区供电公司积极向上级单位争取云池港岸电站示范工程的项目政策。

国网宜昌市高新区供电公司通过逐户走访长江猇亭段沿岸水运码头和港埠，在摸排统计岸电服务潜在需求客户17余户的基础上，将集装箱装卸业务位列全省第二的云池港水运码头列为岸电技术应用的重点推广对象。

1.2　技术方案

1.2.1　方案比较

云池港港口岸电站比选典型设计方案时，综合考虑各种典型方案的特点，详见表2.2。

表2.2　　　　　　　　　岸电系统项目建设典型方案比选表

方案名称	系统构成	典型应用场景	比较维度					优点	缺点
			经济性	可靠性	安全性	便捷性	减排效益		
游轮码头岸电技术方案	游轮码头岸电系统由岸基供电设备、电缆收放系统、10kV/400V供电浮趸、船岸连接设备及岸电监控系统组成	游轮码头岸电技术方案适用于用电负荷比较大的游轮停靠使用，由于供电采用的是10kV上趸船的方案，10kV/400V箱式变压器输出侧建议采用IT接线方式，直接与游轮岸电箱连接	投资较大，不够经济	10kV专用变压器供电，可靠性高	10kV专用变压器供电，安全性高	不够便捷，岸电箱需要将电源引入趸船或其他装置再接入游轮	岸电站供电容量大，游轮用电容量大，减排效益明显	电能替代，节能减排效果明显，专用变压器供电安全可靠	投资较大，根据不同的港口码头，需要因地制宜的设计岸电电源到趸船的连接线路

续表

方案名称	系统构成	典型应用场景	比较维度					优点	缺点
			经济性	可靠性	安全性	便捷性	减排效益		
滚装船码头岸电技术方案	滚装船码头只停靠一艘滚装船，负载功率为100~150kW，直接采用400V配电网电源供电。岸电系统由400V岸基供电设备、电缆收放系统组成	滚装船码头的岸坡较为平缓，当使用电缆卷筒放送电缆时，可能需要人工辅助拖拽电缆及接口插座	投资较小，经济性高	低压400V公用变压器供电，可靠性一般	安全可靠性一般，高峰负荷时期，公用变压器台区供电可靠性不高	便捷性不高，需要人工电收放电缆	滚装船用电负荷低，减排效益较低	投资小，建设工期短	电缆收放系统自动化程度不高，在岸基平地上摩擦较大，电缆全寿命周期较短
集装箱码头岸电技术方案	集装箱码头岸电系统由10kV岸基供电设备、电缆收放系统组成	此方案应用于三峡坝区集装箱码头为船舶提供岸电，电缆提升装置及岸电接口箱的尺寸、安装位置需要充分考虑港口港机作业情况。岸电接口箱在具备条件的情况下建议采用地埋式，在岸基表面时建议选用分体卧式结构。集装箱码头通常有多个泊位，每个泊位上的接电箱可以通过级联的方式连接，也可以通过星形连接方式与箱式变压器400V母线连接	投资较大，经济性不高，回本周期较长	10kV专用变压器供电，可靠性高	10kV专用变压器供电，安全性高	便捷性高，方便接电	集装箱停靠码头用电负荷小，接电时间10h以上，减排效益中等	投建工期较短，硬件系统构成部分很断，后期智能化、自动化程度较高	经济投入较大，一般在100万元左右
干散货码头岸电技术方案	散货船的辅机功率平均为30kW，岸基供电直接采用400V供电即可，岸电系统由岸基供电设备、电缆收放系统等部分组成	此方案适用于无粉尘等污染的干散货码头和件杂货码头，对于有粉尘污染的矿石码头、煤码头、砂石码头，需要对岸电系统采取防尘等措施。400V隔离变压器输出侧采用中性点不接地方式，三相四线制对外供电	投资较小，经济性高	低压400V公用变压器供电，可靠性一般	安全性一般，负荷时期用电可靠性高	便捷性高，只需从公用变压器台区引入低压400V三相四线电源即可	散货船停靠码头用电负荷较小，减排效益低	建设方案简洁，投入设施较小	经济投入小，岸电接电箱安装位置选址较麻烦

在4种典型设计方案中，项目小组征求了宜昌港务集团的意见，对其港区的功能布局、港口码头位置进行了实地查勘查。如宜昌港云池区港口综合交通枢纽，如图2.1所示，该港口有集装箱、散货、油品三大功能区域。当下已建成420m长的泊位4个，未来规划建成总泊位17个，因此在岸电系统方案选择上，既要满足当下港口岸电系统接电服务需求，也要满足未来需要。

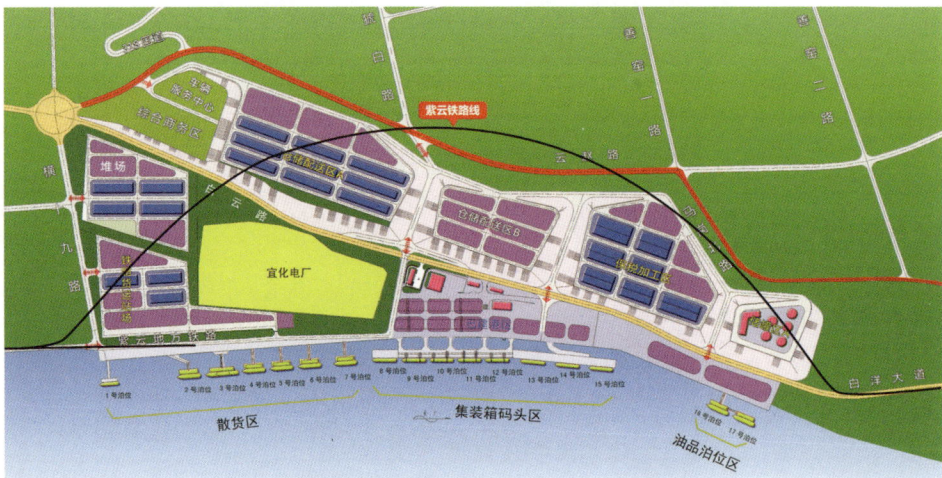

图2.1　宜昌港云池区港口综合交通枢纽图

据调查，云池港泊岸船舶的集装箱船多归属大型船运公司，一般用电负荷白天在20kW左右，夜晚在20～35kW不等，用电成本由船运公司考核；而在云池港停靠的散货船多是私营业主，生活用电需求较少，泊岸用电负荷至多为15kW。综上所述，最终选择集装箱码头岸电系统典型设计方案，同时覆盖集装箱船和散货船的岸电接电需求，并在典型设计中添加了智慧在线监控系统的硬件设施。

1.2.2　实施方案简介

一、集装箱码头岸电技术方案

（一）系统组成

云池港岸电系统由岸基供电设备、电缆收放系统、作业监控系统和互联网运营服务平台系统组成，主要设施包括1台315kVA箱式变压器，4台80kW岸电接电箱及配套计费控制单元（TCU），1500m高低压电力

315kVA 箱式变压器	1台
80kW 岸电接电箱	4台
高、低压电力电缆	1500m
智能电缆收放器	4组
智慧信息监控装置	1组

电缆，4组智能电缆收放器，1组智慧信息监控装置。该系统连接示意如图2.2所示，通过安装在集装箱装载作业平台上的智能电缆收放装置将低压电缆送至船舶配电装置进行供电。

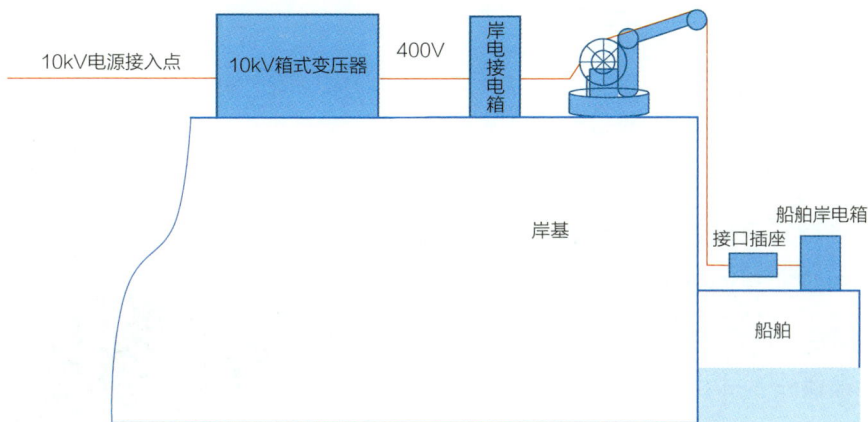

图2.2　集装箱船码头岸电系统连接示意图

（二）集装箱主要设备清单（见表2.3）

表2.3　　　　　　　　　集装箱码头岸电系统主要设备清单

序号	名称	型号/规格	数量	单位	备注
1	箱式变压器	10kV/315kVA	1	台	
2	电缆收放系统		1	套	
3	低压接电箱	0.4kV/50kVA	5	台	根据现场泊位数量配置
4	10kV高压电缆	YJV22-8.7/15kV-3x4+1x2	200	m	岸上10kV高压接入点至箱式变压器，数量根据现场距离进行配置
5	低压电缆	0.6/1kV-3x35+1x16	800	m	箱式变压器至低压接电箱，数量根据现场距离进行配置
6	在线监控器	Td-100视频图像一体抓拍机	1	组	配置在码头栈桥最顶端，能监控整个低压接电箱组

二、岸电系统自动收放电缆技术方案

（一）移动式电缆自动提升/输送装置

移动式电缆自动提升/输送装置可以通过控制实现船岸连接电缆的X、Y、Z三个方向移动，解决船岸连接时电缆的放送问题，提高岸电使用便捷性。对于作业空间有严格要求的码头，可以采用移动式电缆提升/输送装置，将该装置移动到合适的位置并固定，使用完毕可以移动至统一管理地点。

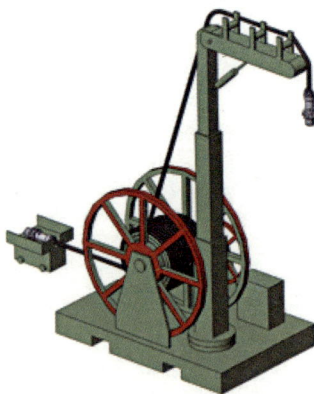

电缆自动提升/输送装置图

（二）移动式电缆自动提升/输送装置工作方式

当受电船舶靠泊后，移动式电缆提升/输送装置的可移动电缆插头与岸基岸电箱上的插座相连，通过小电缆卷盘的收放将该装置水平移动至港口岸电接电箱水平位置。通过大电缆卷盘的收放，可以将电缆末端的供电插座输送至港口岸电箱的垂直位置附近，通过人工将插头插座连接好。

1.3　项目实施及运营

1.3.1　投资模式及项目建设

一、投资建设主体及投资界面

云池港岸电站所有岸电设施投资，以整体项目形式全部由国网宜昌市高新区供电公司投建。云池港岸电系统的配电设施与该港口原有生产、办公区域的配电设施完全分离，各自独立运行。宜昌港务集团云池港有限公司仅提供岸电站硬件设施投建用的土地使用权。

二、项目补贴情况

该项目暂时没有获得政府、行业或电网企业内部任何形式补贴，但国网宜昌市高新区供电公司与云池港港口签订的合约注明，若该岸电站今后涉及相关政策补贴，则全部归国网宜昌市高新区供电公司享有。

1.3.2　运营模式

云池港岸电站采取"互联网+运营"服务模式，即"线上+线下"三方合作运营模式，也是首家接入国网智慧车船一体化综合运营平台的岸电项目。初步探索电网企业、港口企业、互联网平台企业三方合作共同运营模式，即由投资方国网宜昌市高新区供电公司与宜昌港务集团云池港有限公司、国网电动汽车服务有限公司三方合作运营。

国网宜昌市高新区供电公司与国网智慧车船一体化运营服务平台签约开展线上运营业务合作，即为客户提供线上扫码接电、充值缴费及开票；宜昌港务集团云池港有限公司在岸电站主要是开展线下的现场运营服务合作，为客户提供现场接电技术指导、服务咨询等服务。云池港岸电设备接入国网智慧车船一体化运营服务平台的方案示意如图2.3所示。

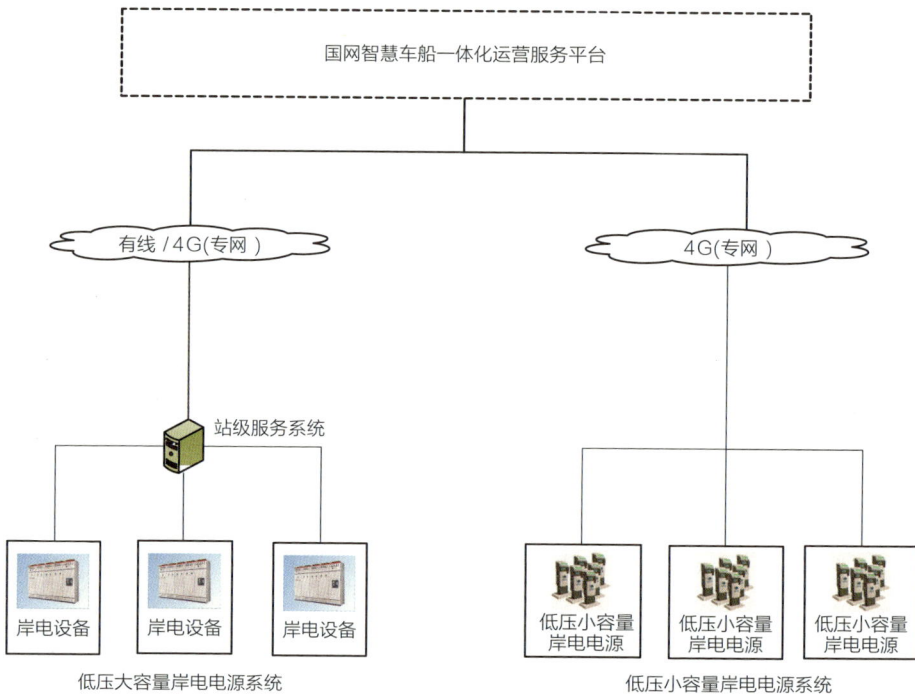

图2.3 云池港岸电设备接入方案示意图

一、"互联网+"岸电服务运营平台简介

2018年7月1日，云池港岸电站在全国范围内的港口岸电站中率先接入国网智慧车船一体化运营服务平台，为所有泊岸接电客户提供App扫码接电、在线充缴及自助开票等智能一体化"互联网+"岸电服务。

云池港岸电站目前仅投建4台80kW低压接电箱，属于低压小容量岸电设备，采取直接接入平台的方式。该岸电设备通过计费控制单元（TCU），采用无线通信方式接入国网智慧车船一体化运营服务平台，实时对岸电设备的使用情况、用电量、故障状态、计量计费进行监管。该平台为满足港口岸电商业运营需求，优化和新增功能主要包括岸电设施接入、用户管理、商户管理、资产管理、计费模型管理、财务管理、运维监控、用电服务、港口岸电App等功能模块，上述功能可以支撑岸电站投建方自由选择自营、委托运营、合作运营三种模式。

二、三方合作商业化运营方式简介

运营责任确认

在三方合作运营模式中，国网宜昌高新区供电公司主要负责岸电站技术方案制定、投资、建设，运维及运营方案制定，以及与国网智慧车船一体化运营服务平台清分结算、运营效益统计分析，岸电站运营综合事务管理（含供用电合同签订、场地租赁合同签订、运营成本管理等），对代委运维或运营方进行技术及服务培训等。宜昌港务集团云池港有限公司主要受托开展岸电接电服务的推广、向船舶用户提供岸电咨询、电费结算、接电服务，负责外接电缆收放、岸电设施日常维护等工作。国网电动汽车服务有限公司主要依托国网智慧车船一体化运营服务平台提供平台运营服务。

收益分成形式

目前电网企业与港口企业运营合同正在审签阶段，重点涉及收益分成事项。岸电电价由电费和服务费两部分组成，其中，电费部分不存在收益分成，岸电站经营产生的服务费部分，上述三方将根据岸电站运营收益进行一定比例的分成。

国网智慧"车船一体化综合运营平台"的岸电项目

电网企业

港口企业

互联网平台企业

1.4 项目效益

1.4.1 经济效益分析

一、港口船舶经济收益

以云池港泊岸某柴油机型号为6105的集装箱船舶为例，其单条船单次泊岸采取电能替代的经济效益，船舶柴改电经济效益前后对比见表2.4。

表2.4　　　　　　　　　　柴油发电与接用岸电成本对比表

分时段成本测算		柴油发电			接用岸电			每小时节约费用
时段		每小时耗油量	柴油单价	油电成本	用电功率	岸电单价	岸电成本	
峰	10:00-12:00 18:00-22:00	8L	6.5元	52元	24kW	1.6元	38.4元	13.6元
平	08:00-10:00 12:00-18:00 22:00-24:00	8L	6.5元	52元	24kW	1.2元	28.8元	23.2元
谷	0:00-8:00	8L	6.5元	52元	24kW	0.9元	21.6元	30.4元

　　柴油发电机功率84kW，每小时耗油量约8L左右。按云池港2018年平均通航时间提速至10h估算，在物价部门正式出台岸电运营价格政策之前，该岸电站执行峰平谷分时浮动价格，峰段、平段、谷段每小时可节约用能成本分别为13.60元、23.20元和30.40元，每条船单次泊岸用能成本最少节约193.6元（用电时段为峰段4h+平段6h），用能成本最多节约289.6元（用电时段为谷段8h+平段2h），据宜昌港务集团云池港有限公司调度台统计数据显示，该港口2017年泊岸作业次数是1760次，每条船单次作业时间则按平均10h计算，则全年可为港口泊岸船舶节约资金最低34.07万元，最高50.97万元。

二、电网企业收益

　　电网企业投资的岸电站收益主要来自岸电接电服务费，其效益测算见表2.5。同样以上述船舶柴油发电机每小时使用岸电功率24kW为例，峰、平、谷每小时服务费收益分别为0.5506元/h、0.5883元/h、0.5729元/h。按单次泊岸用能10h，2017年泊岸船次1760次估算，年度服务费平均收益为241021.44元，按照当前与港口方运营服务协议约定，测算该站运营收益；电网企业服务费按7成计算，则电网企业服务费收益为168715.01元。项目总投资109万元，静态投资回收期为6.5年左右。

表2.5 电网企业投资岸电站服务费效益测算表

分时段成本测算		岸电接电价格 （元/kWh）		运营服务 收益 （元/kWh）		集装箱船 平均靠岸 用电10h 服务收益 （元）	2017年泊 岸船次测算 收益（元）	电网企业 服务费分 成（元）	港口方服 务费分成 （元）
时段		电费	服务费	电费	服务费				
峰	10:00–12:00 20:00–22:00	1.0494	0.5506	0	0.5506				
平	08:00–10:00 12:00–18:00 22:00–24:00	0.6117	0.5883	0	0.5883	136.94	241021.44	168715.01	72306.43
谷	0:00–8:00	0.3271	0.5729	0	0.5729				

综上所述，云池港岸电站作为国网宜昌供电公司100%投资的岸电站典型项目，当船舶停靠率较高时，港口岸电项目在社会效益较好的情况下，也可以取得良好的经济效益。

1.4.2 社会效益分析

节能减排的社会环保效益。云池港岸电站的投建，能给泊岸船舶提供便捷的岸电服务，电能替代电量42.24万kWh，替代柴油147.84t，减少CO_2排放467.28t，减少SO_2排放1.53t，减少NO_x排放4.52t。

企业转型升级、提质增效经济效益。"互联网+"岸电服务为宜昌港务集团有限公司打造高品质的港口服务形象增添了新举措。

生产、生活品质提升效益。该港口岸电将船舶柴油发电机组的值班人员彻底解放出来，能在使用清洁电的同时，免除夜间的值守之苦，更好的休息工作。

1.5 推广建议

1.5.1 经验总结

一、主要亮点

多方合作商业模式创新利于岸电服务推广应用。采取"互联网+"岸电服务模式，联合国网智慧车船网一体化平台方、港口方、电网企业投资方，能更好地获得岸电市场推广的业务流、资金流和信息流。尤其是港口企业能利用其与航运公司、港航局的友好关系，帮助电网企业拓展市场，更好的推进岸电使用。而"互联网+"服务平台为多方合作提供了便捷条件，从扫码、充值、缴费、开票、服务咨询，均可以线上进行，甚至在全国范围内一键找站、预约接电，提高岸电站的利用率，更助于客户消费透明化、合作方服务分成有记录可查。

典型技术方案的选用有利于岸电站缩短投建工期。云池港岸电站项目自2017年6月1日现场勘址，于2017年6月20日送电投产，2017年7月1日正式接入国网智慧车船网一体化平台对外营运，项目建设时间仅20个工作日。

二、注意事项及完善建议

省综合能源服务公司成为合法独立责任主体，能代理各地市公司的岸电站负责对国网车船网一体化平台签约并开票。可以解决各地市、县公司当前与国网智慧车船网一体化平台清分结算不畅的问题。

电网企业的地市公司开办的集体企业虽然拥有法人资格，但其经营范围严格受限，不具备对外开具"接电服务费"增值税票据的资格。就上述情况而言，省综合能源服务公司能否成立专门的岸电业务运营部门，代理各地市、县公司岸电站向国网智慧车船网一体化平台进行开票结算。

省综合能源服务公司能否参与岸电站的统一运维。当下，岸电站运维主体当前是真空，云池港岸电站投运不足半年，还未涉及设备故障损坏等情况。当前以电网主业属地化运维方式安排工作，但真正长期运转，需要出台相关政策，将全省岸电站统一运维。

1.5.2　推广策略建议

岸电站投资由电网企业负责，运营服务采取"电网企业+互联网平台企业+港口公司"三方合作的方式完成。通过服务费分成的分档分级导向，由港口企业主导培育并推动岸电服务市场，逐步增加岸电站的使用率，从而减少项目建设回收周期。

案例❷
京杭运河渠化段低压小容量
岸电典型案例

2.1 项目基本情况

2.1.1 用能单位基本情况

嘉兴芦花荡水上服务区位于杭申线航道、湖嘉申线航道以及京杭大运河三个主要内河航道的交汇处，可连通杭州、上海、苏州等城市，是长三角地区内河水上主通道，平时船舶航行密度比较大。芦花荡水上服务区设计停靠岸线共计380m，总

嘉兴芦花荡水上服务区俯视图

用地83亩，可同时旁靠千吨级船舶26艘，日均在40艘左右，年均超过1万艘，是浙江省北部最大的水上服务区。

作为政企合作项目的嘉兴芦花荡水上服务区岸电项目由国网嘉兴供电公司和嘉兴市港航管理局共同实施，2016年年初开始筹备，2016年6月初正式实施，同年7月底完成建设并投入运营。

2.1.2 项目实施背景

近年来，港口岸电作为有效减少船舶停靠岸期间排放废弃物的技术手段已受到国内外的高度重视。国务院颁布了《大气污染防治行动计划》《水污染防治行动计划》，交通运输部颁布了《建设低碳交通运输体系指导意见》、国家能源局印发《配电网建设改造行动计划（2015—2020年）》，都提出推广岸电，减少污染排放。2016年3月30日，浙江省人民政府办公厅印发了《浙江省船舶排放控制区实施方案》（浙政办发〔2016〕37号）文件，在浙江的海域和内河水域控制排放目标，鼓励船舶靠港期间优先使用岸电，引导港口企业建设岸电。

嘉兴内河水运发达，通航里程、航道密度均列全省第一。全市拥有营运货船3532艘，113.64万载重吨，平均吨位达321.74t。嘉兴内河港是交通运输部公布的全国28个内河主要港口之一，2015年完成港口货物吞吐量8586万吨，全市拥有内河码头泊位1661个，嘉兴内河港多用途港区完成集装箱中转量18.45万标准箱，对于推广内河岸电来说有着天然的条件。

京杭大运河浙江航运段岸电示意图

(2.2) 技术方案

　　该项目共建设9套一体化岸电装置，包括7套2×8kVA单相低压岸电桩和2套2×20kVA三相低压岸电桩，总容量为192kVA。投资成本约为1500元/kVA，每个岸电桩可同时满足两艘船的供电需求，全部9套充电桩可同时为18条船供电，基本能够满足高峰时船民的用电需求。同时，配有后台运营管理系统，能实现多类型船舶的智能用电监控，船岸互动和计量缴费一体化服务；一体化岸电桩具有标准化接口和完善的硬件保护功能、远程通信及数据交互功能，可进行人机交互、刷卡接电。

芦花荡水上服务区岸电设备示意图

　　智能港口电能替代低压岸电示范及一体化平台技术。岸电一体化运营管理服务的应用架构分为支撑层、管控层、应用服务层、用户访问层。支撑层为整个系统提供全面的底层支撑；管控层为系统的正常运行和高效工作提供严格的管控；应用服务层面向电力公司、码头管理机构、船舶客户等各类用户，实现供用电数据采集与监测、岸电配网信息监管、船舶岸电接入管理等各类应用功能；用户访问层负责各类用户通过电脑、手机、PAD等设备接入系统平台。

(2.3) 项目实施及运营

2.3.1 投资模式及项目建设

一、投资模式

经过前期调查走访发现，内河岸电仅由供电公司及码头业主合作，不能有效推动项目落地。因此在电能替代推进过程中，引入了浙江省电力节能服务有限公司（以下简称浙电节能公司）作为项目投资方，共同参与。

2016年6月8日，浙电节能公司、嘉兴市港航管理局、国网嘉兴供电公司共同签订了《嘉兴芦花荡水上服务区岸电建设项目合作协议》，建立战略合作关系，设立"一对一"人员联系网络，定期召开例会，共同推进嘉兴芦花荡岸电项

芦花荡水上服务区

变压器

岸电桩

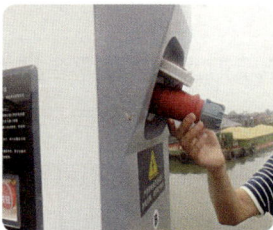

现场施工

现场施工图

目建设，打造岸电惠民工程。

二、项目建设

嘉兴芦花荡岸电项目自2016年6月开始启动，7月27日正式通电投运。由国网嘉兴供电公司营销部牵头，为用户开通绿色通道，简化办理程序，实行客户经理"一对一"全程引导，实施从办电到报装的"一站式"服务。全力配合做好电力配套工程，第一时间安排电网配套项目改造，充分保障岸电项目的用电需求。项目竣工后，当天组织人员开展验收工作，技术人员依据施工图纸对现场施工与设备安装工艺等进行了仔细检查，在确保用电安全可靠的前提下，用时一个月完成了整个芦花荡岸电项目的送电，真正做到了用户满意。

2.3.2　运营模式

一、运营模式的确定

确立对外营销 服务模式	确立岸电设备 运维模式	充分落实充电 安全告知措施
由港航管理局负责落实服务区物业公司进行日常运营，包括代售充值卡、船员接电指导等。浙电节能公司负责安排专业人员对现场岸电管理人员进行专业培训。	岸电桩的日常安全巡查、简单故障处理均委托服务区物业代为开展，涉及岸电设备专业运维和检修由节能公司委托嘉兴公司集体企业开展。	充分落实充电安全告知措施。选用了具备短路、过载、防雷、防倾倒、水浸等保护措施的智能充电桩，制作了随充值卡发放的《岸电业务办理告知书》和《岸电使用手册》，充分向船民告知充电使用流程和安全注意事项，帮助船民安全使用岸电。

二、三方分工

▷ **浙电节能公司** 落实项目所需设备建设资金；制定项目建设方案和技术方案；负责施工图设计委托、项目建设施工队伍落实及施工管理，岸电运营管理系统的开发，相应设备与材料的采购，建设项目验收、调试，项目投入运行后，负责项目运行的日常安全巡检、维护保养，项目运营工作人员业务培训等工作。

▷ **嘉兴市港航管理局** 提供岸电建设项目所需场地，配合建设单位施工现场管理，做好岸电桩日常看护，落实人员代售充值卡工作，指导船员按规定使用岸电。

▷ **国网嘉兴供电公司** 按规定具体办理项目建设过程中相关手续，根据项目需要对相关电网设施进行改造升级（包括电力增容，进线电源、电缆铺设等工作），并在实施过程中，负责与市政部门进行协调。

(2.4) 项目效益

2.4.1 经济效益分析

经测算服务区使用岸电后，船上的用电成本节约了0.3元/kWh。对船民而言，使用岸电前，按照当前柴油价格5.15元/L计算，柴油机发电成本约为1.7元/kWh，现在岸电价格是1.4元/kWh，便宜了0.3元/kWh，船民获得了实在的经济利益，具有广阔的应用推广前景。

2.4.2 社会效益分析

随着岸电的使用，基本消除了发电机运行时的噪声污染，船民日常生活质量得到了提高。对服务区而言，岸电使用后，年减少燃油消耗约75t，各种排放物大大减少，减少CO_2排放237.04t，减少SO_2排放0.78t，减少NO_x排放2.29t。

● **岸电使用后**

└ 年减少燃油消耗约 **75**t

└ 减排 CO_2 **237.04**t

└ 减排 SO_2 **0.78**t

└ 减排 NO_x **2.29**t

2.5　推广建议

2.5.1　经验总结

一、政企联动、有序推进

嘉兴芦花荡岸电项目的成功为国网嘉兴供电公司、嘉兴市港航管理局以及浙电节能公司建立了良好的合作基础，三方先后签订《全市岸电建设框架合作协议》和《关于加快内河岸电建设等绿色交通发展的合作协议》，建立了长期战略合作关系。港航部门提供岸电建设项目场地，落实日常岸电业务；供电公司对电网设施进行改造升级，并在岸电设备选型、规格容量、电网接入、供电监控等方面提供技术支撑；省节能服务公司负责具体实施以及技术支持。

建立"电网主推、政府统筹、社会参与"的合作模式，建设过程中由国网嘉兴供电公司牵头，明确岸电建设计划、职责分工和时间要求，建设前通过与码头业主签订《岸电建设合作协议书》确定合作细节，充分发挥政府主管部门属地化优势，合理配置多方支援，有序推动示范工程建设。

二、健全机制、持久运营

为统一模式，建立长效运营机制，国网嘉兴供电公司在芦花荡水上服务区岸电项目典型经验的基础上进一步总结提升，健全服务机制，形成了一套成熟的运营管理机制。

> 确立对外营销服务模式，采用委托模式开展日常运营，包括代售充值卡、岸电运营管理系统操作、船员接电指导等。编写"岸电日常管理工作内容单"，并安排专人对现场岸电管理人员进行专业培训，确保岸电业务正常开展。

> 确立岸电设备运维模式，涉及岸电设备专业相关的问题，委托国网嘉兴供电公司集体企业开展，集体企业每周安排人员进行一次定期的巡查，对紧急的电力故障进行实时抢修。

解决船民安全接电使用问题。在船民办理岸电充值卡时通过《岸电业务办理告知书》对其进行一次性的告知，包括费用收取，安全注意的事项等。向船民发放《岸电使用手册》普及岸电技术，以图文形式向船民介绍岸电桩的使用流程，并安排人员进行现场的使用指导。同时对于影响岸电设备使用的注意事项，在售卡处的上墙资料、岸电桩的显眼位置均进行二次告知。

确立收费结算模式，明确属地化管理模式原则，制定《嘉兴岸电运营管理指导意见（试行）》，确定岸电收费结算流程。

岸电现场操作演示

2.5.2 推广策略建议

芦花荡水上服务区岸电项目是浙江省内首个内河水域标准化建设项目，该项目通过三方合作模式，解决了用户出资难、岸电建设不规范、岸电建成后缺乏管理、岸电使用安全缺乏有效保障等一系列电能替代推广工作中的棘手问题，真正形成了一套可推广、可复制的内河水域标准化岸电模式。

本项目将岸基供电设备运用于水上服务区，通过岸基供电设备的应用，基本消除了船舶靠泊期间有害气体的排放及自备发电机组运行产生的噪声污染，减小噪声扰民问题，改善服务区及周边城区环境质量。此外，接入岸电还节约了船舶自身发电的燃油费用和设备维护费用，具有重大的经济效益和社会效益。

案例❸
长江三峡坝区码头低压大容量
岸电典型案例

3.1 基本情况

为深入贯彻落实习近平总书记的战略方针，全面服务三峡库区生态体系建设，加快三峡坝区岸电试验区建设，2018年6月，湖北省秭归县茅坪港岸电项目正式启动。项目分新老两个港区同时施工，新打造6条箱式变压器承载趸船、新建配电变压器6台、供电容量7500kVA、10kV地埋电缆2600m、400V电缆线路1200m、游轮岸电箱12个，每个岸电箱可满足游轮单船500kVA用电容量的需求，并建成自动扫码计费结算系统和电缆张力感应系统。投资总额突破2000万元。

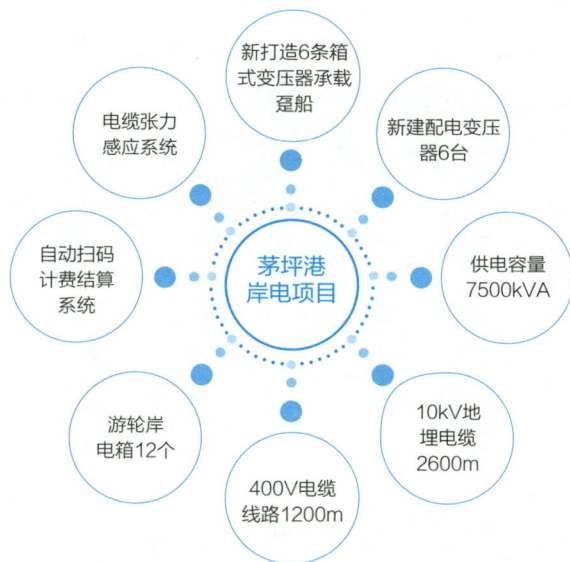

茅坪港岸电项目

- 新打造6条箱式变压器承载趸船
- 新建配电变压器6台
- 供电容量7500kVA
- 10kV地埋电缆2600m
- 400V电缆线路1200m
- 游轮岸电箱12个
- 自动扫码计费结算系统
- 电缆张力感应系统

3.2 技术方案

游轮码头岸电系统由岸基供电设备、电缆收放系统、10kV/400V供电浮趸、船岸连接设备及岸电监控系统组成。该系统示意如图2.4所示。

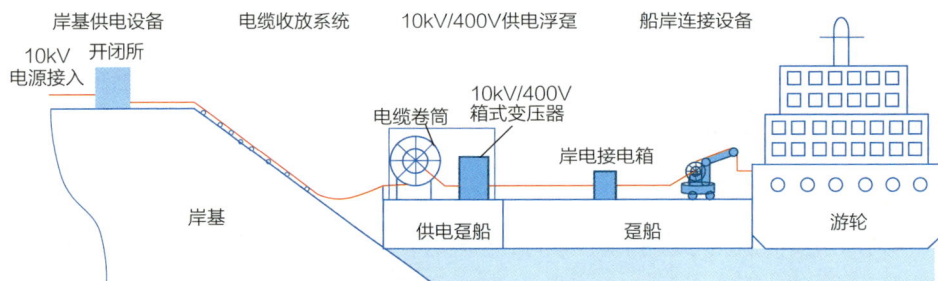

图2.4 游轮码头岸电系统示意图

（1）岸基供电设备。

由10kV电缆、10kV开闭所组成，其中开闭所内需配置进线开关柜、计量柜、电压互感器、出线开关柜、站用变压器柜。

（2）电缆收放系统。

采用斜坡道远距离10kV供电电缆收放系统。系统由电缆卷筒、电缆、托辊式电缆桥架、导向滑轮以及恒张力控制系统等组成，根据电缆卷筒安装位置不同分为两个方案。

方案一

电缆卷筒放置于江中供电趸船上。在斜坡上沿着电缆走向铺设托辊式电缆桥架，10kV电缆放置在托辊上进行移动和收放。该方案示意如图2.5所示。

电缆卷筒主要收放由于水位变化产生的电缆多余或不足部分，所以电缆卷筒驱动功率较小。因电缆卷筒和变压器均位于趸船上，可以考虑一体化安装。电缆收放只需要拖动部分电缆，电缆承受的拉力较小，有利于保护电缆。电缆卷筒安装在趸船上，运维检修不是很方便，当水位最高位置时，全部电缆都收纳在电缆卷盘上，需要考虑趸船的负载能力。

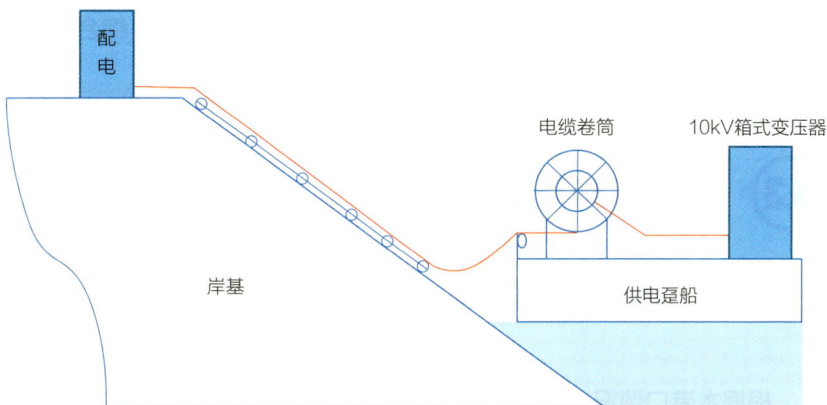

图2.5　10kV趸船供电电缆收放系统方案一

方案二

电缆卷筒位于岸上，安装体积、重量以及空间大小有较大的选择空间，可以方便地进行运维和管理。该方案示意如图2.6所示。

电缆卷筒需要拖动整根电缆，电缆卷筒驱动功率大；电缆收纳卷绕时需要拖动整根电缆，对电缆承受拉力要求高，易损坏电缆。

3.4.2 社会效益分析

茅坪港岸电项目的实施减少了噪声和大气污染，港口环境得到优化。每年可替代燃油4200t，相当于减少CO_2排放13274t，$SO_2$43.4t，NO_x128.4t，具有良好的生态环保效益，以及节能减排的社会环保效益。

3.5 推广建议

3.5.1 经验总结

一、主要亮点

政府主导是前提

在岸电技术推广应用过程中，供电公司要站在履行社会责任的高度，将岸电与国家大气污染防治、节能减排等政策相结合，依靠政府的主导作用，统筹协调各方资源，促进岸电技术应用常态化推进。

政策支撑是关键

在岸电技术推广应用过程中，涉及建设资金和各参与方积极性问题，因此要积极争取地方政府出台强制性应用和扶持性政策，将岸电系统建设和强化现场监管纳入政府议事日程，为岸电技术推广应用提供政策支撑，营造出良好的社会氛围。

多方联动是基础

岸电技术应用需社会各相关方参与，需内部相关部门协同，要注重内外部联动和沟通协作，形成各相关部门联合推动的强大合力。

二、注意事项及完善建议

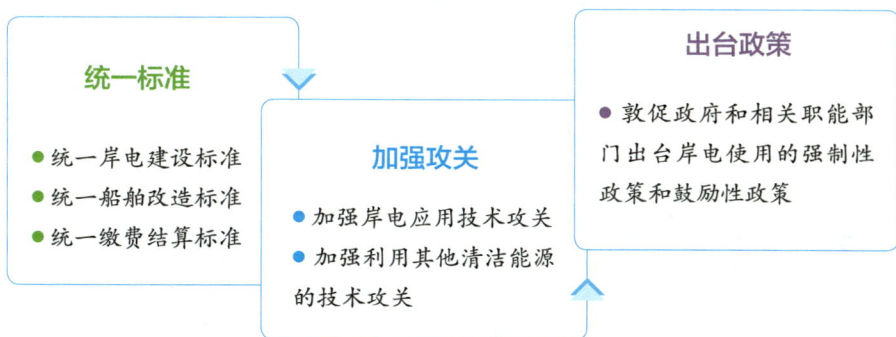

统一标准

- 统一岸电建设标准
- 统一船舶改造标准
- 统一缴费结算标准

加强攻关

- 加强岸电应用技术攻关
- 加强利用其他清洁能源的技术攻关

出台政策

- 敦促政府和相关职能部门出台岸电使用的强制性政策和鼓励性政策

3.5.2　推广策略建议

在一些基础条件较好、市场需求较为迫切的运输系统，加快完善岸电系统，由点及面逐步推广。

一是做好港口岸电示范项目建设。旅游客运系统发展良好，航线及停靠码头比较稳定，且旅游客船用电量较大，岸电使用需求较为迫切，建议优先推进长江旅游客运码头岸电设施建设。同时，长江载货汽车滚装、商品汽车滚装以及集装箱运输系统也具有良好的岸电推广应用前景，也可放在优先发展行列予以统筹考虑。

二是建设锚地岸电应用示范工程。三峡坝区锚地待闸船舶数量较多、待闸时间较长，推广使用岸电的需求十分迫切。建议根据本技术方案建设锚地岸电应用示范工程，由点及面逐步推广。

案例 ④
沿海港口高压岸电典型案例

4.1 项目基本情况

4.1.1 用能单位基本情况

福建省平潭县金井码头1995年1月被福建省政府口岸办批准为二类口岸，2002年1月经国家交通部、海关总署批准为临时外轮停泊点。该码头为平潭县唯一的5000吨级散杂货码头，拥有长127m、深7.21m的5000吨级码头泊位1个和长39.7m、水深4.6m的500吨级港作船码头泊位1个，可靠泊5000吨级以上的船舶，候潮时可停泊万吨轮船。

港区仓库面积4200m²，堆场面积3350m²，年设计吞吐量达20万t。配备的主要港机有：DLQ—16t台式起重机，DLQ—8t轮胎起重机，Q—20型牵引车，10t、6t平板车，3t、5t叉车，固定式、移动旋转式皮带输送机，两套砂石专用装船机，有自备120kW发电机组，以及消防、供水、供电等配套设施。

多年来，金井码头充分发挥自身优势，提供优质的运输装卸服务，将平潭丰富的砂、石、盐等资源源源不断地出口至日本、菲律宾、韩国等世界各国地区，年出口量达15万t以上。在全省二类口岸中吞吐量一直名列前茅，创造了较好的经济效益和社会效益。目前，金井码头辖3个泊位，1号泊位1万吨级，2号泊位2万吨级，3号泊位5万吨级。

4.1.2　项目实施背景

在福州平潭港推广应用船舶岸电技术，将大量消除当地船舶靠港期间有害气体排放，是建设"绿色港口"和提高码头竞争力的重要措施。同时船舶接用码头供电系统后，可消除自备发电机组运行产生的噪声污染，减小噪声扰民问题，这不仅是各港口可持续发展的重要举措，也是构建和谐城区、改善港区环境质量，协调港口与城市发展的重要举措，具有重大社会效益。

4.2　技术方案

4.2.1　总体方案

选址福建平潭金井码头2号、3号泊位，承建岸电电源数量1套，综合泊位停靠船舶吨位为5万吨级及以上，以50000t集装箱船为准，单台辅机容量为1960kW，选定岸电电源容量为1.7MW，进线电源为10kV/50Hz，泊位前沿设置高压接电箱2台。

平潭金井码头岸电系统由输配电系统、信息集控系统、功率变换系统、综合保护系统、电力连接系统以及电力变压系统等构成，转变为6.6kV/60Hz、440V/60Hz输出至码头接电箱。具体包括高压进线柜、岸电电源、隔离变压器、降压变压器、高压出线柜、计量系统，并通过综合电力监控系统对所有设备进行电力监控，从而实现6.6kV/60Hz和440V/60Hz高低压两种电制输出。该系统示意如图2.7所示。

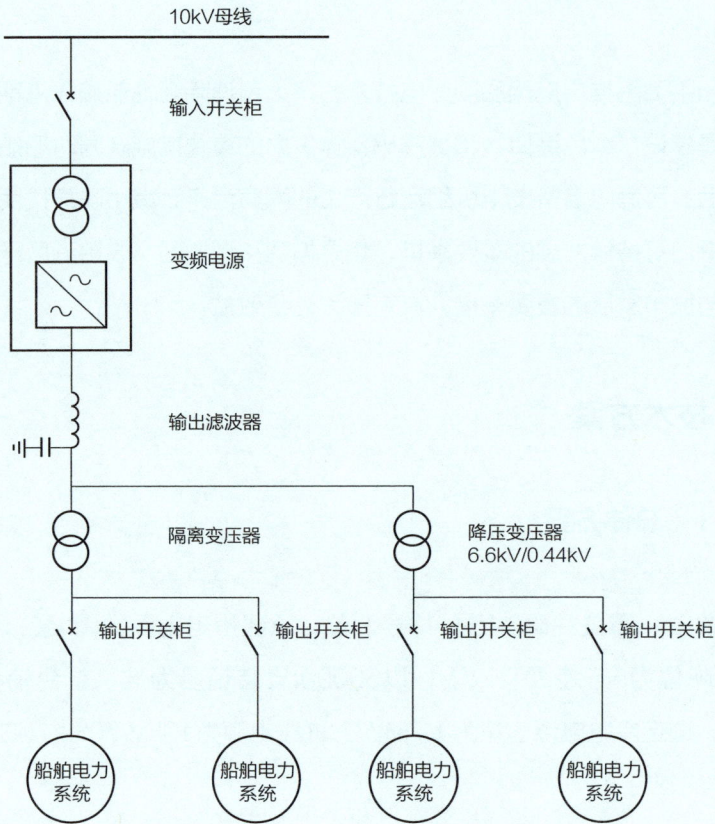

图2.7　平潭金井码头岸电系统示意图

4.2.2　船舶岸电系统布局

在港区10kV变电站馈出一路10kV线路，港区变电站和变频电源装置之间的连接电缆通常是敷设在配电室电缆沟里，港区可占用的地域也非常有限。因此，将变频电源装置安置在码头10kV变电站附近，并且合理的选择（码头）岸电连接点，使港区变电站到码头配电站的距离最短，有利于节约投资，增强可操作性。

4.2.3　供电与连接方式

本项目将我国港口50Hz交流电变换成了适用于国内外的50Hz/60Hz两种频率的高压双频交流电，满足了港口中外船舶的用电要求。

为保证码头岸电供电的可靠性和稳定性，针对码头船用岸电供电系统的变频电源负载情况、周边用电环境，系统应具有稳频、稳压和谐波抑制补偿技术，解决船舶供电对码头船用供电电网的污染问题，满足船舶用电负荷突变要求。本岸基供电变频电源是采用交-直-交电压源型变频电源，低压部分通过降压变压器后经低压配电柜输出至码头前沿。

针对船电、岸电切换连接过程中容易发生岸电电源和船舶自带电源短时并列运行状况，若此时船舶自带电源不满足并列运行条件，就会造成船电、岸电非同期合闸，容易发生事故。该岸电系统具备船电、岸电快速切换连接技术，通过船上同期装置，与岸电电源实现热并网，保证供电安全、可靠。

针对到港船舶靠岸时间短，要求电缆安全、快速连接的问题，采取船电与岸电自动切换，实现快速连接，提高岸电上船，并网接电效率。

4.2.4　智能化监控

智能化监控与普通的电力监控有着本质的区别。不仅可实现对电压、电流、功率以及频率等的监控还可针对电源自身的各种状态及控制参数进行监控。监控系统开发的界面包括管理平台系统、控制系统、安全监控系统、各设备对应电表总管理平台、设备运行中能耗曲线分析图、设备运行报表、设备运行月报、三遥系统相应的界面、供电系统单线图、电流曲线、电压柱状图。

系统实现与控制单元通信，可以对进线开关、变频电源、计量装置、进出线变压器、出线开关、码头接电箱、同步并网装置、所内照明、空调、通风、消防等全部系统的设备及其他附属控制设备等进行实时控制、参数修改、状态监测和

4.3 项目实施及运营

4.3.1 投资模式及项目建设

该项目由国网福建省电力有限公司出资投资建设，港口提供场地。实施流程如下。

项目前期准备

　　确定项目参与人员，细化项目研究内容，明确项目研究分工，对示范区域进行深入调研，收集掌握港口船舶负载情况、负荷特性、港区用电方式等具体资料。

　　对相关资料进行汇总整理，对不同方式的岸电接入模式进行经济性和可操作性论证，确定船舶岸电接入模式。

　　针对金井码头进行变频变压电源结构设计，进行50Hz/60Hz两种频率交流供电技术研究，并集成码头环境监控装置。

项目建设实施

　　完成船舶岸电系统设计方案和系统电网图纸。完成相对应的土建改造以及电网施工。完成设备的安装调试工作。

设备试运行和效益估算

　　设备平稳运行，提供全方位技术支撑。完成示范工程项目，跟踪运行数据，完成效益估算。

4.3.2 运营模式

由码头方自主运营。平潭金井码头公司在电价基础上收取0.5元/kWh的服务费，与供电公司分成。

4.4　项目效益

4.4.1　经济效益分析

工程设想：本项目预期收益按照售电收入效益进行测算。

年收益=年收服务费×供公司分成比例

年岸电电能替代电量=船舶平均负荷×船均年用电时间×船舶数

项目投资回收期=项目总投资/年收益

其中，年岸电电能替代电量取决于港口岸电设施的利用率。

平潭金井码头公司年吞吐量约122万TEU，目前码头2号泊位年停靠船舶达到160艘次，平均停靠时间约为12h。按照集装箱船在靠港期间的平均用电负荷为1500kW，则每年可实现电能替代288万kWh。目前与港口方达成一致意见，码头公司在电价基础上收取0.5元/kWh的服务费，

年吞吐量约 **122** 万 TEU

年停靠船舶达到 **160** 艘次

实现电能替代 **288** 万 kWh

一度电可获利 **0.35** 元 / kWh

项目总投资 **498** 万元

实现项目年收益 **100.8** 万元

与供电公司3∶7分成，则供电公司每售出1kWh的电量可获利0.35元。该项目总投资共498万元，理想状况下，可实现项目年收益100.8万元，项目静态投资回收期为4.9年。

4.4.2　社会效益分析

岸电使用后，年减少燃油消耗约1008t，减少CO_2排放3185.7t，减少SO_2排放10.43t。随着国家相关政策的落实，金井码头港口岸电设施利用率会进一步提高，社会效益也会更加显著。

附录

港口岸电领域
相关政策与关键参数

> 附录以精选摘录的形式选取了港口岸电领域的电能替代相关政策和关键参数，以便电能替代工作人员拓展专业知识，提升技术水平。同时，方便前端工作人员为客户推荐时进行参考。

附录❶
《港口岸电布局方案》摘录
（交通运输部办公厅 印发）

一、布局目标

2020年年底前，实现全国主要港口和船舶排放控制区内港口50%以上已建的集装箱、客滚、邮轮、3000吨级以上客运和50000吨级以上干散货专业化泊位具备向船舶供应岸电的能力。同时，鼓励岸电需求较大、基础条件较好的港口争取实现100%的泊位岸电覆盖率。

二、布局方案

2020年年底前在全国主要港口和船舶排放控制区内港口共布局493个具备向船舶供应岸电能力的专业化泊位，其中沿海366个、内河127个。按照泊位类型划分，集装箱、客滚、邮轮、3000吨级以上客运和50000吨级以上干散货专业化泊位分别为277个、77个、9个、29个和101个。

（一）主要港口岸电布局方案

在沿海和内河主要港口中的大连、营口、秦皇岛、天津、烟台、青岛、日照、连云港、南京、镇江、南通、苏州、上海、宁波–舟山、温州、福州、厦门、汕头、深圳、广州、珠海、湛江、北部湾、海口、重庆、宜昌、荆州、武汉、黄石、岳阳、九江、安庆、芜湖、无锡、湖州、贵港、梧州、肇庆和佛山39个港口，共布局434个具备向船舶供应岸电能力的专业化泊位。按照泊位类型划分，集装箱、客滚、邮轮、3000吨级以上客运和5万吨级以上干散货专业化泊位分别为254个、75个、9个、28个和68个。

（1）沿海主要港口。

在沿海主要港口共布局317个具备向船舶供应岸电能力的专业化泊位，其中集装箱专业化泊位165个，客滚专业化泊位65个，邮轮专业化泊位9个，3000吨级以上客运专业化泊位10个，5万吨级以上干散货专业化泊位68个，分别占该区域同类型泊位总数的50%、50%、53%、53%和50%。

（2）内河主要港口。

在内河主要港口共布局117个具备向船舶供应岸电能力的专业化泊位，其中集装箱专业化泊位89个，客滚专业化泊位10个，3000吨级以上客运专业化泊位18个，分别占该区域同类型泊位总数的50%、53%和51%。

（二）船舶排放控制区内港口（不含主要港口）岸电布局方案

在船舶排放控制区内的锦州、唐山、黄骅、东营、泰州、常州、扬州、台州、虎门、惠州、中山、江门12个港口，共布局59个具备向船舶供应岸电能力的专业化泊位，其中沿海49个、内河10个。按照泊位类型划分，集装箱、客滚、3000吨级以上客运和5万吨级以上干散货专业化泊位分别为23个、2个、1个和33个。

（1）珠三角水域船舶排放控制区。

在珠三角水域船舶排放控制区内沿海港口（不含主要港口）共布局12个具备向船舶供应岸电能力的泊位，其中集装箱专业化泊位8个，5万吨级以上干散货专业化泊位4个，均占该区域同类型泊位总数的50%；内河港口（不含主要港口）共布局10个具备向船舶供应岸电能力的集装箱专业化泊位，占该区域同类型泊位总数的53%。

（2）长三角水域船舶排放控制区。

在长三角水域船舶排放控制区内沿海港口（不含主要港口）共布局6个具备向船舶供应岸电能力的泊位，其中集装箱专业化泊位1个、客滚专业化泊位1个，3000吨级以上客运专业化泊位1个，5万吨级以上干散货专业化泊位3个，分别占该区域同类型泊位总数的100%、50%、100%和50%。

（3）环渤海（京津冀）水域船舶排放控制区。

在环渤海（京津冀）水域船舶排放控制区内沿海港口（不含主要港口）共布局31个具备向船舶供应岸电能力的泊位，其中集装箱专业化泊位4个、客滚专业化泊位1个、5万吨级以上干散货专业化泊位26个，均占该区域同类型泊位总数的50%。

集装箱专业化泊位岸电布局方案

区域	省份	港口名称	已建岸电设施泊位数	应具备岸电供应能力的泊位数	需要改造的泊位数	总泊位数
			主要港口			
沿海	辽宁	大连	2	3	1	14
		营口		4	4	7
	天津	天津	1	12	11	23
	山东	烟台		3	3	13
		青岛	1	8	7	22
		日照	1	2	1	3
	江苏	连云港	1	4	3	10
		南通		1	1	3
		苏州		8	8	14
		镇江		2	2	4
		南京	6	6		11
	上海	上海		24	24	42
	浙江	宁波–舟山	1	19	18	28
		温州		1	1	2
	福建	福州	2	4	2	7
		厦门		10	10	28
	广东	汕头		1	1	2
		深圳	4	26	22	45
		广州	1	23	22	38
		珠海		2	2	4
	广西	北部湾		2	2	2
	合计		20	165	145	322

区域	省份	港口名称	已建岸电设施泊位数	应具备岸电供应能力的泊位数	需要改造的泊位数	总泊位数
			船舶排放控制区内非主要港口			
	1. 珠三角					
沿海	广东	惠州		2	2	4
		中山		5	5	11
		江门		1	1	1
	合计			8	8	16
	2. 长三角					
	江苏	扬州		1	1	1
	合计			1	1	1
	3. 京津冀（环渤海）					
	辽宁	锦州		2	2	4
	河北	唐山		2	2	4
	合计			4	4	8
			主要港口			
内河	重庆	重庆		14	14	30
	湖北	武汉		8	8	13
		黄石		4	4	4
	安徽	芜湖		3	3	3
	江西	九江		2	2	2
	江苏	苏州内河		1	1	1
		无锡		2	2	2
	浙江	湖州		2	2	7
	广东	肇庆		2	2	5
		佛山		46	46	71
		广州(五和)		1	1	9
		广州(新塘)		2	2	5
	广西	贵港		1	1	5
		梧州		1	1	7
	合计			89	89	164

续表

区域	省份	港口名称	已建岸电设施泊位数	应具备岸电供应能力的泊位数	需要改造的泊位数	总泊位数
			船舶排放控制区内非主要港口			
	珠三角					
内河	广东	惠州内河		4	4	4
		虎门内河		2	2	2
		中山内河		2	2	7
		江门内河		2	2	6
	合计			10	10	19

注 1. 已建岸电设施泊位数：是截至2016年7月，已建容量在200kVA以上岸电设施的泊位数量。

2. 应具备岸电供应能力的泊位数：是港口已建泊位中，需要建设岸电设施的泊位总数。

3. 总泊位数：是港口已建泊位中，集装箱专业化泊位的总数。

客滚专业化泊位岸电布局方案

区域	省份	港口名称	已建岸电设施泊位数	应具备岸电供应能力的泊位数	需要改造的泊位数	总泊位数
			主要港口			
	辽宁	大连	8	16	8	26
	山东	烟台	1	13	12	22
	上海	上海		9	9	17
	浙江	宁波–舟山	2	6	4	16
	福建	福州		1	1	2
沿海	广东	深圳		1	1	1
		广州		2	2	4
		湛江		1	1	9
	海南	海口	6	16	10	21
	合计		17	65	48	118
			船舶排放控制区内非主要港口			
	1. 长三角					

续表

区域	省份	港口名称	已建岸电设施泊位数	应具备岸电供应能力的泊位数	需要改造的泊位数	总泊位数
沿海	浙江	台州		1	1	2
		合计		1	1	2
	2. 京津冀（环渤海）					
	山东	东营		1	1	2
		合计		1	1	2
内河	主要港口					
	重庆	重庆	7	7		13
	湖北	宜昌	2	2		5
	湖南	岳阳	1	1		1
		合计	10	10		19

注 1．已建岸电设施泊位数：是截至2016年7月，已建容量在200kVA以上岸电设施的泊位数量。

2．应具备岸电供应能力的泊位数：是港口已建泊位中，需要建设岸电设施的泊位总数。

3．总泊位数：是港口已建泊位中，客滚专业化泊位的总数。

邮轮专业化泊位岸电布局方案

区域	省份	港口名称	已建岸电设施泊位数	应具备岸电供应能力的泊位数	需要改造的泊位数	总泊位数
沿海	主要港口					
	天津	天津		2	2	3
	山东	青岛		1	1	1
	上海	上海		3	3	6
	浙江	宁波-舟山		1	1	1
	福建	厦门		1	1	1
	广东	深圳		1	1	2
		合计		9	9	14

注 1．已建岸电设施泊位数：是截至2016年7月，已建容量在200kVA以上岸电设施的泊位数量。

2．应具备岸电供应能力的泊位数：是港口已建泊位中，需要建设岸电设施的泊位总数。

3．总泊位数：是港口已建泊位中，邮轮专业化泊位的总数。

3000吨级以上客运专业化泊位岸电布局方案

区域	省份	港口名称	已建岸电设施泊位数	应具备岸电供应能力的泊位数	需要改造的泊位数	总泊位数
		主要港口				
沿海	江苏	南京		1	1	2
	上海	上海		4	4	7
	浙江	宁波–舟山		1	1	1
	福建	厦门		2	2	5
	广东	汕头		1	1	1
		广州		1	1	3
	合计			10	10	19
		船舶排放控制区内非主要港口				
	长三角					
	江苏	扬州		1	1	1
	合计			1	1	1
		主要港口				
内河	重庆	重庆	2	11	9	24
	湖北	宜昌		1	1	1
		荆州		2	2	3
		武汉		2	2	4
	安徽	安庆		1	1	2
		芜湖		1	1	1
	合计		2	18	16	35

注 1. 已建岸电设施泊位数：是截至2016年7月，已建容量在200kVA以上岸电设施的泊位数量。

2. 应具备岸电供应能力的泊位数：是港口已建泊位中，需要建设岸电设施的泊位总数。

3. 总泊位数：是港口已建泊位中，3000吨级以上客运专业化泊位的总数。

5万吨级以上干散货专业化泊位岸电布局方案

区域	省份	港口名称	已建岸电设施泊位数	应具备岸电供应能力的泊位数	需要改造的泊位数	总泊位数
沿海			主要港口			
	辽宁	大连	1	2	1	6
		营口		2	2	3
	河北	秦皇岛		8	8	13
	天津	天津		8	8	14
	山东	烟台		1	1	2
		青岛		3	3	6
		日照		4	4	8
	江苏	连云港	2	2		3
		南京		1	1	1
		南通		1	1	3
		苏州	1	4	3	8
	上海	上海		6	6	14
	浙江	宁波–舟山	2	16	14	22
	福建	福州		2	2	4
	广东	广州		2	2	6
		湛江		3	3	7
		珠海		2	2	6
	广西	北部湾		1	1	3
	合计		6	68	62	129
			船舶排放控制区内非主要港口			
	1. 珠三角					
	广东	惠州		1	1	2
		虎门		2	2	5
		江门		1	1	1
	合计			4	4	8

续表

区域	省份	港口名称	已建岸电设施泊位数	应具备岸电供应能力的泊位数	需要改造的泊位数	总泊位数
沿海	2. 长三角					
	江苏	泰州		1	1	3
		常州	1	1		1
	浙江	台州		1	1	2
	合计		1	3	2	6
	3. 京津冀（环渤海）					
	河北	唐山		18	18	36
		黄骅		8	8	16
	合计			26	26	52

注　1．已建岸电设施泊位数：是截至2016年7月，已建容量在200kVA以上岸电设施的泊位数量。

　　2．应具备岸电供应能力的泊位数：是港口已建泊位中，需要建设岸电设施的泊位总数。

　　3．总泊位数：是港口已建泊位中，5万吨级以上干散货专业化泊位的总数。

附录 ❷

《国家电网有限公司关于印发积极推进长江流域港口岸电全覆盖实施方案的通知》摘录（国家电网营销［2018］591号）

一、工作目标

全面贯彻习近平总书记关于推动长江经济带发展的重要指示，主动与国家有关部委沟通汇报，加强政企联动、船岸协同，强化高位推进工作机制，推动长江流域岸电全覆盖。具体目标如下。

（1）推动建立长江流域岸电设施建设长效工作机制，设立长江流域船舶污染排放控制区，打造三峡坝区绿色岸电发展试验区，完善支持政策，统一技术标准，强化关键设备研制，引领长江流域岸电设施建设。

（2）依托公司智慧车联网平台，构建车船一体化综合运营服务平台，实现长江流域岸电服务互联互通，打造广泛接入、使用便捷、内容丰富的岸电服务生态圈，力争到2020年底实现长江干支流重要港口码头岸电全覆盖。

二、长江流域港口码头泊位及锚地岸电设施建设计划表

长江流域港口码头泊位及锚地岸电设施建设计划

序号	单位	干流码头泊位数量（个）				支流码头泊位数量（个）				锚地泊位数量（个）
		小计	高压岸电	低压大容量岸电	低压小容量岸电	小计	高压岸电	低压大容量岸电	低压小容量岸电	
合计		1200	300	563	346	621	41	124	456	2500
1	上海	56	39	2	15	0	0	0	0	0

续表

序号	单位	干流码头泊位数量（个）				支流码头泊位数量（个）				锚地泊位数量（个）
		小计	高压岸电	低压大容量岸电	低压小容量岸电	小计	高压岸电	低压大容量岸电	低压小容量岸电	
2	江苏	605	189	384	32	223	26	58	139	338
3	浙江	0	0	0	0	44	0	0	44	0
4	安徽	171	3	98	70	0	0	0	0	267
5	湖北	172	47	15	110	99	12	12	75	903
6	湖南	10	0	5	5	28	0	0	28	50
7	河南	0	0	0	0	47	0	0	47	0
8	江西	52	0	31	22	83	0	47	36	102
9	四川	0	0	0	0	6	0	4	2	67
10	重庆	142	22	28	92	91	3	3	85	782

附录❸
长江三峡坝区船舶吨位、辅机功率及用电需求

长江三峡坝区干散货船、旅游客船、商品车滚装船、集装箱船、集散两用船、载货汽车滚装船的吨位、辅机功率及用电需求等参数见附表3.1～附表3.6。

附表3.1 干散货船吨位、辅机功率及用电需求等参数对照表

船舶类型	载重吨（t）	发电机组功率（kW）	靠港及待闸期间船舶用电功率(kW)			船舶主要用电设备	发电时长（h/天）			备注
			夏季	春秋	冬季		夏季	春秋	冬季	
干散货船	2000以下	30～60	5～10	2～5	2～7	水泵、空调、厨房设备、风机、冰库等	5～10	1～2	1～2	部分4000吨级以下船舶自备小功率发电机，额定功率约15kW
	2000～3000	50～100	10～15	2～5	2～7		5～10	1～2	1～2	
	3000～4000	90～120	10～20	3～10	3～10		7～10	1～5	1～5	
	4000～5000	90～120	10～20	3～10	3～10		7～10	1～5	1～5	
	5000～6000	100～150	15～25	5～15	5～15		10～20	2～5	2～8	
	6000以上	150～200	15～30	5～15	5～15		10～20	2～6	2～8	

附表3.2　　旅游客船吨位、辅机功率及用电需求等参数对照表

船舶类型	载客位	发电机组功率（kW）	靠港及待闸期间船舶用电功率(kW)			船舶主要用电设备	接入岸电单次靠泊用电量（kWh/天）			备注
			夏季	春秋	冬季		夏季	春秋	冬季	
旅游客船	158	304×3	220	160	—	水泵、空调、厨房设备、风机、冰库、文娱设备等	5280	3840	—	旅游客船靠港24h辅机需要用电，冬季为旅游淡季，岸电需求量大幅下降
	212	346×3	250	180	—		6000	4320	—	
	326	500×2+504×2	320	220	—		7680	6480	—	
	440	550×4	350	300	—		8400	6000	—	
	570	550×4	400	350	—		9600	8400	—	

附表3.3　　商品车滚装船吨位、辅机功率及用电需求等参数对照表

船舶类型	载重吨（t）	发电机组功率（kW）	靠港及待闸期间船舶用电功率(kW)			船舶主要用电设备	发电时长（h/天）			备注
			夏季	春秋	冬季		夏季	春秋	冬季	
商品车船	2318	75×2	30	20	25	通信助航设备、信号设备、全船照明设备、生活用水泵、空调、冰柜、充电设备、厨房用生活设备和文娱设备等	10~20	3~4	3~4	部分船方要求每天接岸电不得超过15×24=360kWh
	3452	90×2	30	20	25		10~20	3~4	3~4	
	5080	64×3	35	25	30		10~20	3~4	3~4	
	5679	64×3	35	25	30		10~20	3~4	3~4	
	7588	75×3	35	25	30		10~20	3~4	3~4	

附表3.4　　集装箱船吨位、辅机功率及用电需求等参数对照表

船舶类型	载箱量（TEU）	发电机组功率（kW）	靠港及待闸期间船舶用电功率(kW)			船舶主要用电设备	发电时长（h/天）			备注
			夏季	春秋	冬季		夏季	春秋	冬季	
集装箱船	216	50×3	15	10	10	通信助航设备、信号设备、全船照明设备、生活用水泵、空调、冰柜、充电设备、厨房用生活设备和文娱设备等	10~20	3~4	3~4	部分船方要求每天接岸电不得超过15×24=360kWh
	305	64×3	25	20	25		10~20	3~4	3~4	
	326	64×3	30	20	25		10~20	3~4	3~4	

附表3.5　集散两用船吨位、辅机功率及用电需求等参数对照表

船舶类型	载重	发电机组功率（kW）	靠港及待闸期间船舶用电功率(kW)			船舶主要用电设备	发电时长（h/天）		
			夏季	春秋	冬季		夏季	春秋	冬季
集散船	8800t/420TEU	75×2	40	25	25	空调+污水处理器（2~8kW），冷藏小箱是12~15kW，冷藏大箱20kW	10~20	3~4	3~4
	7000t/350TEU	75×2	40	25	25		10~20	3~4	3~4
	4300t/330TEU	69×2	30	20	25		10~20	3~4	3~4

附表3.6　载货汽车滚装船吨位、辅机功率及用电需求等参数一览表

船舶类型	载重吨（t）	发电机组功率（kW）	靠港及待闸期间船舶用电功率(kW)			船舶主要用电设备	发电时长（h/天）		
			夏季	春秋	冬季				
客滚船	2400	100×3	30	15	20	灯、充电器、空调、热水器等	5~10	5~10	5~10

附录❹
集装箱、干散货船吨位、辅机功率与电压等级

集装箱船和干散货船的吨位、辅机功率和电压等级等参数见附表4.1和附表4.2。

附表4.1　　集装箱船舶辅机功率和电压等级等参数对照表

序号	船舶吨级 DWT（t）	载箱量 （TEU）	辅机功率 （kW）	辅机发电电压 （V）
1	1000（1000~2500）	≤200	90×3	400
2	2000（2501~4500）	201~305	120×3	400
3	5000（4501~7500）	251~700	320×3	450
4	10000（7501~12500）	701~1050	430×3	450
5	20000（12501~27500）	1051~1900	700×3	450
6	30000（27501~45000）	1901~3500	1260×3	450
7	50000（45001~65000）	3501~5650	1960×3	450
8	70000（65001~85000）	5651~6630	2320×4	450
9	100000（85001~115000）	6631~9500	2760×4	6600
10	120000（115001~135000）	9501~11000	3320×4	6600
11	150000	11001~12500	3850×4	6600

附表4.2　　　干散货船舶辅机功率和电压等级等参数对照表

序号	船舶吨级 DWT（t）	辅机功率 （kW）	辅机发电电压 （V）
1	2000（1501～2500）	90×3	400
2	3000（2501～4500）	90×3	400
3	5000（4501～7500）	200×3	400
4	10000（7501～12500）	300×3	400
5	15000（12501～17500）	400×3	400
6	20000（17501～22500）	600×3	450
7	35000（22501～45000）	600×3	450
8	50000（45001～65000）	800×3	450
9	70000（65001～85000）	800×3	450
10	100000（85001～105000）	900×3	450
11	120000（105001～135000）	900×3	450
12	150000（135001～175000）	900×3	450
13	200000（175001～225000）	900×3	450